DOSIS 3

„THIS IS" NOT A NIGHT-CLUB"

Rebecca Hohnhaus →

"This is not a nightclub"[1]

...naja, doch, eigentlich schon. Doch dann kam Covid und das IfZ musste im März 2020 ziemlich abrupt seine Türen schließen. Die Getränke in den Kästen vergammelten, die Technik verstaubte und die Wände setzten bereits Schimmel an. Ratlosigkeit machte sich breit. Was sollte nun mit den verwaisten Räumlichkeiten geschehen?

Im Frühling 2021 gab es von Teilen der Crew die Idee, eine Ausstellung zu organisieren und den Club somit zum Kunstraum umzufunktionieren. Die Schwierigkeit: Neben den strengen Hygienevorschriften war vor allem der Club in diesem Zustand nicht vorzeigbar. Ferner war es nicht klar, ob sich die Räume überhaupt als Ausstellungsort eigenen würden. Allen Widrigkeiten und Vorbehalten zum Trotz, setzte sich eine vierköpfige Crew aus dem IfZ zusammen und konzipierte über mehrere Wochen die **DOSIS 1** und **DOSIS 2**.

Nach einem vierwöchigen Open Call wurde im Juli desselben Jahres die erste der beiden Ausstellungen eröffnet. Also beschloss ich, das Teergarten-Radler in der Nachmittagssonne mit einem Besuch der **DOSIS** zu verbinden. An die Hygienemaßnahmen hatte man sich zu diesem Zeitpunkt längst gewöhnt. Viel gespannter war ich darauf, wieder im Club zu sein; allerdings unter neuen und somit ungewohnten Bedingungen.

Wie immer im IfZ ging kein Weg an den Secus vorbei. Erfreut über das Wiedersehen mit den pinkfarbenen Stickern, klebte ich bereitwillig meine Handykamera ab. Gereicht bekam ich außerdem noch ein Begleitheft zur Orientierung.

Beim Eintreten war es wie gewohnt dunkel. Doch erschlug mich weder eine Wand aus Hitze noch die in alle Richtungen drängenden Partygäste. Anstatt der wummernden Bässe herrschte Stille. Zu vernehmen waren lediglich die Schritte und das Flüstern der anderen Besucher*innen sowie die Geräusche der Tonbandaufnahmen, die von entfernten Lautsprecherboxen abgespielt wurden. Eine Ausstellung eben.

Auf dem Boden fanden sich die Nummerierungen aus dem Begleitheft wieder, die auf die Titel der Arbeiten und die Namen der Künstler*innen verwiesen. So richtig erkennen ließ sich die verpixelte Schrift in der Dunkelheit nicht, doch war Orientierungslosigkeit im Club auch keine gänzlich neue Erfahrung für mich. Überrascht war ich hingegen vom Umfang der Ausstellung. Anders als ich es erwartet hatte, waren nicht nur die Tanzflächen zu Ausstellungsräumen umfunktioniert, sondern auch die Gänge, der Darkroom, die Bar, der „Facilityraum" und sogar die Toilettenkabinen; was mich ziemlich amüsiert hat. Zu sehen waren unterschiedlichste Kunstwerke von Malereien und Drucken über Licht- und Audioinstallationen sowie Plastiken aus verschiedenstem Material.

Bei vielen der Arbeiten war der Bezug zum Club unmittelbar sichtbar: Sie griffen musikalische Erfahrungen auf, ahmten Rauschzustände nach oder thematisierten den Arbeitsalltag in einer Facility, die als beständiges Provisorium funktioniert. Andere Werke erzählten hingegen von der Abwesenheit des Clubs, von der Einsamkeit und den Gefühlen der Angst und Bedrängung, welche die Isolation in der Pandemie auslöste. Wieder andere Arbeiten schienen keinen sichtbaren Bezug zum IfZ zu haben, aber passten sich durch ihre Ästhetik oder Material am Kontext an.

---

1 Dies ist der Titel von Johanna Ralsers und Ewa Meisters Arbeit „This is not a nightclub", ausgestellt bei der DOSIS 2 (s. S. 116).

Dass solche wie auch die Erfahrungen der Künstler*innen und Organisator*innen zudem außerhalb der persönlichen Erinnerung bewahrt werden mussten, darin war man sich einig. Doch die Frage, wie dies mit dem geltenden Fotoverbot zu vereinbaren ist, stellte sich erneut. Es musste ein Kompromiss gefunden werden zwischen dem Bedürfnis nach Intimität und dem Wunsch, das Ereignis im Außen festzuhalten. Das Ergebnis ist das vorliegende Buch, die **DOSIS 3**.

Die **DOSIS 3** will die beiden Ausstellungen nicht nur einfach dokumentieren, sondern stellt ein eigens kuratiertes Projekt dar, welches die ausgestellten Elemente neu strukturiert, ergänzt und kommentiert: **1 + 2 = 3**. Dadurch ermöglichen die Herausgeber*innen des Buches eine Kommunikation zwischen den Arbeiten der **DOSIS 1** und **DOSIS 2**, die sich über ihre Ästhetik und Materialität sowie ihre inhaltlichen Implikationen oder über ihren Bezug zum Club verständigen. Dass es sich ursprünglich um zwei getrennte Veranstaltungen handelte, darauf deuten nur noch die grünen → **DOSIS 1** und blauen → **DOSIS 2** Sticker hin, mit denen die fotografierten Arbeiten versehen sind.

Darüber hinaus war es den Herausgeber*innen ein besonderes Anliegen, die Ausstellung zu kontextualisieren. Denn das IfZ ist alles andere als ein *white cube*. Es besitzt als Nachtclub eine spezielle Architektur, ein eigenes Regelwerk, ist voll von Spuren vergangener Partys, aber auch gezeichnet von Verfall und Leere der Pandemie. Von Erinnerungen der Gäste und Crew an durchfeierte Nächte konnte ebenso wenig abstrahiert werden, wie von den Erwartungen, die mit der „dosierten" Wiedereröffnung verbunden waren.

Daher bringt die **DOSIS 3** durch die Bildstrecke „Trakt IV" von Dana Lorenz und Sophia Kesting das Leben zurück in den Club, indem sie die Clubbesucher*innen in Erscheinung treten lässt, wenn auch nur durch ihre Körper.[2] Wiederum können die Beiträge von Sophie, Manuel, Stephen und Janika als Reflexionen über die Umwandlung des Clubs in einen Ausstellungsraum verstanden werden. Sie befassen sich dabei nicht nur mit den Herausforderungen, die die Umgestaltung mit sich bringt, sondern auch mit den Möglichkeiten, die ein Club als Kunstraum bietet: Für die Besucher*innen bot sich die Gelegenheit, den Club in Zeiten der Pandemie (wieder) zu entdecken und auch erstmals Räume zu betreten, die während des regulären Clubbetriebs verschlossen sind. Die Künstler*innen machten dabei die Erfahrung wechselseitiger Interaktion zwischen künstlerischer Produktion und künstlerischem Raum. Denn die Kunst, so hat sich gezeigt, modifiziert nicht nur den Clubraum. Der Clubraum wirkt auch auf die Arbeiten zurück.

Die **DOSIS 3** zeugt aber vor allem von der Wandelbarkeit des Clubs, der das Moment der Krise genutzt hat, um neue Ideen zu entwickeln und umzusetzen. Sie erzählt vom kurzen Erwachen des Clubs zwischen zwei Lockdown. Dieses hat es den Organisator*innen, Künstler*innen und Besucher*innen ermöglicht, aus der Eintönigkeit des Pandemiealltags herauszutreten, um aktiv und kreativ zu werden. Und sie beweist, dass Kunst und Clubkultur sehr wohl zusammengedacht werden können; und seit der **DOSIS** auch zusammengedacht werden müssen. Ganz nach dem Motto: This is (not) a nightclub!

---

2   Siehe S. 12

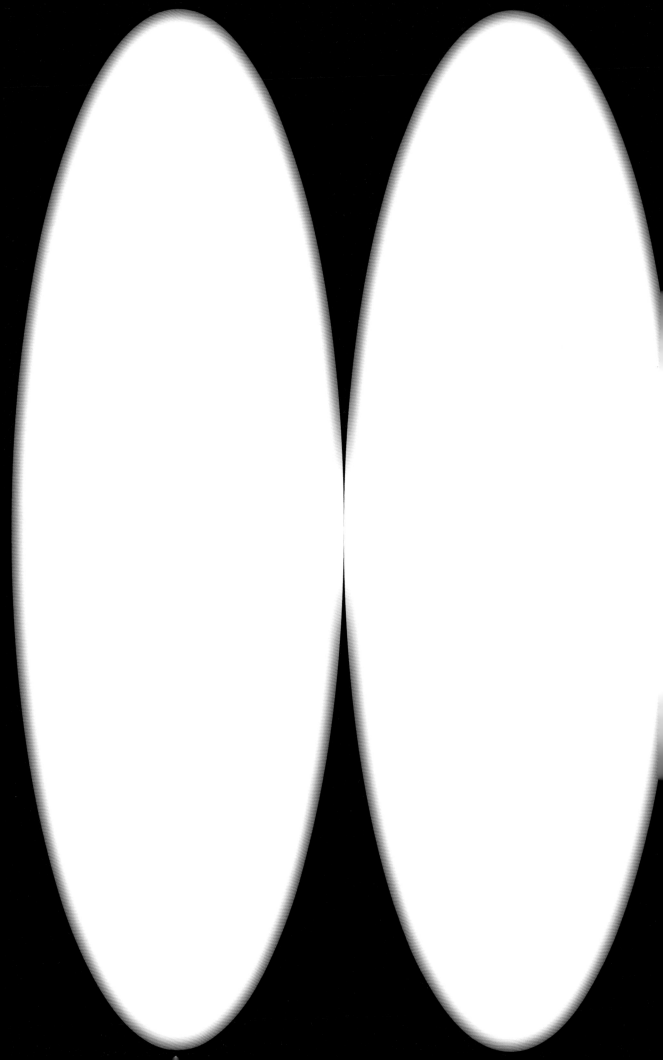

Artists

Thomas Baldischwyler
Marjan Banjasadi
Katrin Becker
Lennard Bernd Becker
Dominika Bednarsky
Andrej Vitaljewitsch
    Borkowski
Sebastian Burger
clyo
Svenja Deking
Konstantin Dziwis
Paula Eggert +
    Lukas Hartmann
Sophie Fitze
Alicia Franzke
Anaïs Goupy
Jo-Hendrik Hamann
Fabian Hampel
Yannick Harter
Stef Heidhues
ILL
Mara Jenny
Max Johnson +
    Noah Evenius
Sophia Kesting +
    Dana Lorenz
Anna Sophie Knobloch
Christian Kölbl
Tobia König
LAA: Leni Pohl +
    Antonia Bannwarth +
    Adrian Lück
JP Langer + David Rank
Salome Lübke
Barbara Lüdde
Ewa Meister +
    Johanna Ralser
Larissa Mühlrath
Lutz-Rainer Müller
Theresa Münnich
Vanessa A. Opoku
Murat Önen
Eliza Penth
Sophie Constanze
Polheim
Sophie Constanze
    Polheim +
    Tom Schremmer
Daniel Rode
Philipp Rumsch
SaouTV + Agyena
SaouTV + supaKC
Lion Sauterleute
Stephan Schieritz
Juli Schmidt
Valeria Schneider
David Schnell
Lisa Schumann +
    Johanna Stolze
Nathalie Valeska Schüler
Anica Seidel
jana Slaby
Anna Steinherz
Annika Stoll
Brenda Magdalena Wald
Florian Wendler
Philipp Zöhrer
076**KRU

Auszug aus „Trakt IV" – Sophia Kesting + Dana Lorenz →

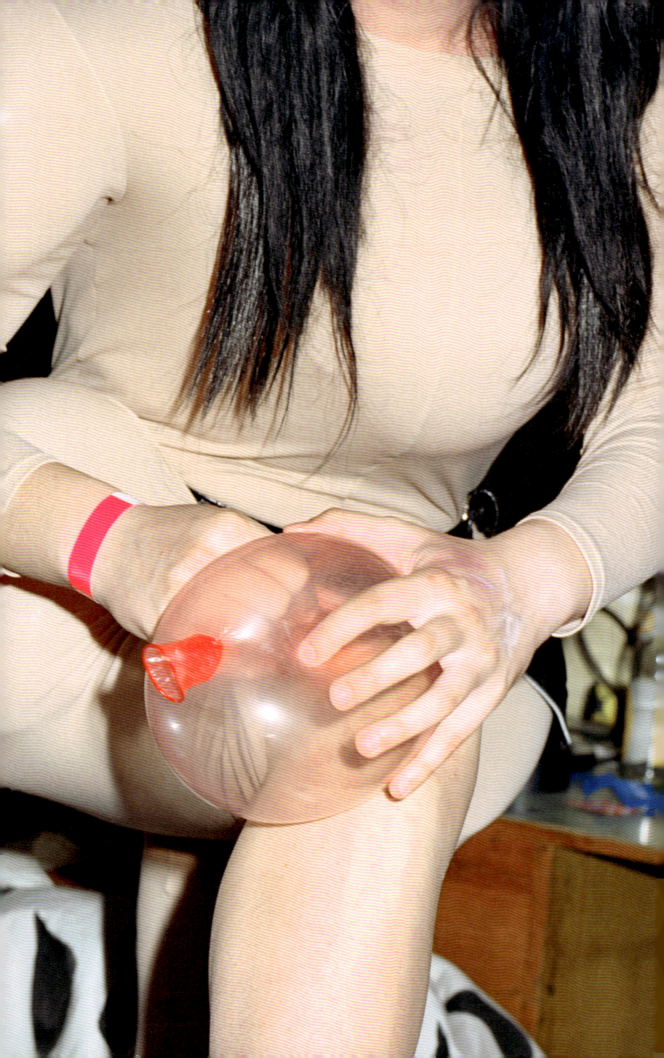

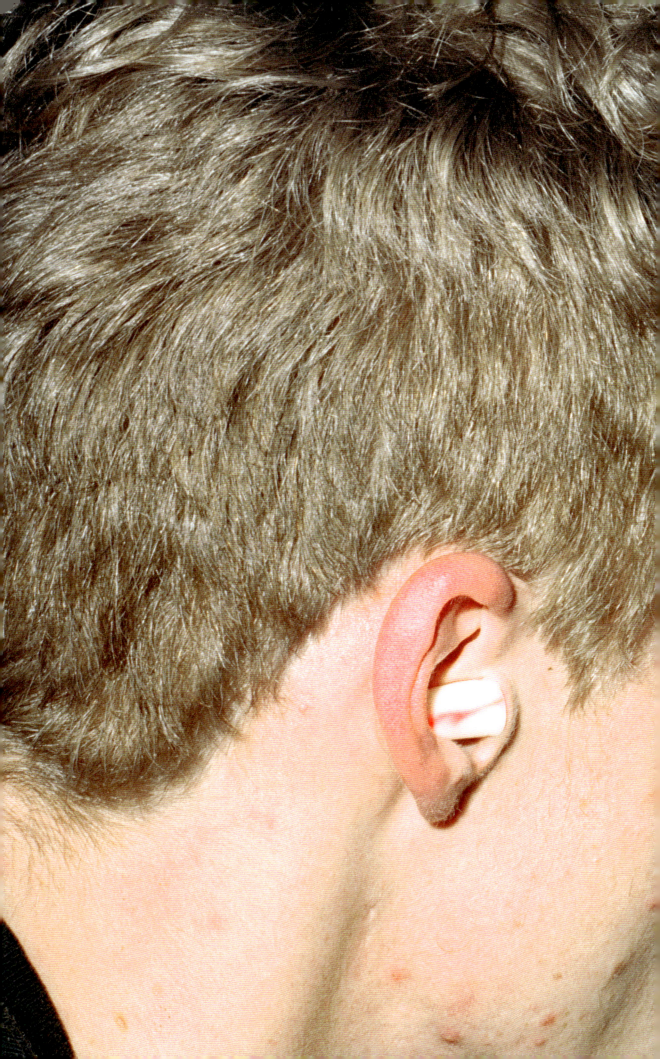

STROBOSKOP JA – BLITZLICHT NEIN!

Sophie Esders →

Stroboskop ja – Blitzlicht nein!

„Kommt mir fast vor als wäre das ifz irgendein absurdes Museum welches top secret ist."

No Photos on the Dancefloor – mit diesem Titel hat bereits eine 2019 stattfindende Ausstellung im C/O Berlin zur Berliner Clubkultur einen wichtigen Grundsatz dieser Szene erfasst. Eine No Photo Policy ist nicht erst seit kurzem wichtiger Bestandteil in Clubs; am bekanntesten natürlich in Berlin, seit einigen Jahren setzt sie sich aber auch in den Clubs anderer Städte durch. In Leipzig hat das Institut fuer Zukunft eine Vorreiterrolle eingenommen. Mittlerweile sind weitere Clubs wie das Elipamanoke, Mjut und die alteingesessene Distillery gefolgt.

Nun ist dies ein Band, gefüllt mit Fotos aus dem IfZ. Dies erscheint eventuell zunächst einmal widersprüchlich. Gerade weil das Fotoverbot auch für die Ausstellung galt und – wie in den fast vergessenen Clubnächten – am Einlass die Kamera abgeklebt wurde. So konnte man sich fast wieder wie früher fühlen. Rund um den Kohlrabizirkus waren an jedem Straßenschild, Fahrkartenautomaten und auf der Straße wieder die magentafarbenen Sticker zu entdecken.

Ausnahmen von diesem strikten Fotoverbot sind jedoch möglich. Gezeigt hat sich dies bereits im Zuge des fotografischen Langzeitprojektes „Trakt IV", welches im Rahmen des fünften Clubgeburtstags erstmalig ausgestellt wurde.

Die Künstlerinnen Dana Lorenz und Sophia Kesting begleiteten von 2017–2019 fotografisch das IfZ während und außerhalb von Clubnächten, wobei ein eindrucksvolles Bildkonvolut entstand.

Ein Teil davon wurde im April 2019 in einem intermedialen Ausstellungsprojekt, in Kooperation mit Adrian Dorschner und dem IfZ als 5-Kanal Beamerprojektion mit Sound sowie großformatig tapezierte Fotografien und Textfragmenten in der Galerie für Zeitgenössische Kunst Leipzig ausgestellt. Weitere Kooperationspartner*innen waren Anna Baranowski mit einer Videoarbeit, Stefan Schmidt-Dichte mit einer Soundcollage, sowie Texten von Mario Apel.

Die vorangegangenen Seiten zeigten nun einen weiteren Teil dieser Arbeit. Mit dem Fokus auf die Gäste der vergangenen rauschenden Clubnächte wurde ein kleiner Einblick in diese Intimität gegeben, die so unbedingt gewahrt werden muss. Ermöglicht wurde diese Arbeit nur durch die große Sensibilität der beiden Fotografinnen und ihrem langsamen Herantasten an die lokalen Gegebenheiten, dem Anspruch, zumindest bei Veranstaltungen weitestgehend unsichtbar zu bleiben sowie der Methodik des rein analogen Arbeitens und ständigen Rücksprachen mit den Akteur*innen des IfZ.

Schon in dieser Arbeit wurde der Widerspruch thematisiert, einerseits den Wunsch nach bleibenden Bildern zu erfüllen und andererseits die Intimität des Raumes zu wahren, die so wichtig ist für sein Bestehen.

Genau deshalb passt dieser Teil auch sehr gut in dieses Buch, welches diesen Widerspruch in ähnlichem Maße auszuhalten hat.

Bilder aus dem Club sind jedoch auch auf andere Arten aufgetaucht. So hat die finanzielle Not plötzlich eine gut bebildertet Annonce für die Eventlocation IfZ für Firmenfeiern und andere Events hervorgerufen; ebenso unvergessen bleiben unzählige Selfies, Detailaufnahmen und Panoramafotos, die in diversen sozialen Netzwerken auftauchten – in diesen Fällen allerdings mit dem entsprechenden Echo, welches von wutentbrannten Diskussionen über den internen Mailverteiler bis hin zu Hausverboten reichte.

Wie jedoch wird dieses Verbot begründet? Warum dürfen ausgerechnet wir nicht in 20 Jahren durch die Fotoalben blättern und zurückgeworfen werden in den Moment, als beim letzten Track eines Abends noch irgendwer auf die großartige Idee kommt, einen Stagedive vom DJ-Pult in die erste Reihe zu machen? Und warum kann dieser wunderschöne

Moment, wenn durch die Ventilatoren an der großen Bar das Sonnenlicht im dichtesten Nebel (R.I.P.) zerschnitten wird, nicht für die Ewigkeit festgehalten werden?

Sind wir doch ehrlich — so schön wie in diesem speziellen Moment wirds eh nicht mehr und am Ende bleibt es doch nur ein banales Abbild eines unwiderbringbaren Moments, das im schlimmsten Fall am Montag noch dem Chef vorliegt.

Was versucht also ein Club wie das IfZ mit einem Verbot solcher Bilder zu erreichen?

Im Ankündigungstext zu einer der Veranstaltungen, die 2018 fotografisch von Dana Lorenz und Sophia Kesting begleitet wurde, schreibt das IfZ:

„Die No Photo Policy besteht weiterhin. Sie soll verhindern, dass potenziell unfreiwillig dokumentiert wird, wie Menschen sich hier entfalten. Zum anderen verstehen wir die Policy als Aufforderung, die Gegenwart und den Moment zu geniessen. Ebenfalls soll Menschen, die noch nicht im IfZ waren, der Eindruck der Räumlichkeiten nicht vorweggenommen werden."[1]

In einer internen Formulierung der getroffenen Beschlüsse heißt es auch:

„Es gibt zwei wesentliche Gründe, warum wir das Fotografieren im Club begrenzen wollen
– Der Schutz der Privatsphäre: Unsere Gäste sollen sich im Club so frei wie möglich entfalten können. Dazu gehört auch die Sicherheit, dass keine Fotos ihrer nächtlichen Aktivitäten an die Öffentlichkeit dringen. What happens at IfZ stays at IfZ.
– Das Wahren des „Geheimnisses":
Wer wissen will, wie es bei uns aussieht, soll herkommen."

Die Umsetzung dieser Beschlüsse sieht dann so aus, dass auf Partys nicht fotografiert wird, es keine Veröffentlichung von Panoramafotos gibt und nur ein kleines Set von Pressefotos existiert.

Ebenso gelten diese Regeln für Gäste, Künstler*innen und Personal gleichermaßen. Im Zweifelsfall entscheidet dann immer noch das wöchentliche Deligierten-Plenum.

Unabhängig von diesen wenigen niedergeschriebenen Grundsätzen herrscht in der Crew des IfZ und auch mit den Gästen noch immer Uneinigkeit über Sinn und Unsinn, Auslegung und Durchführung dieses Verbots.

Es ist auch auf den ersten Blick fragwürdig, warum unbedingt das Geheimnis gewahrt werden muss. Mit dem scheinbaren Anspruch, den *Mythos IfZ* zu schaffen und vor allem auch zu wahren, besteht gewissermaßen zudem die Ähnlichkeit mit religiösen Gruppen, die ihre Relevanz durch ein Bilderverbot wahren wollen. Da ist der Vergleich mit einem absurden Museum, gar nicht

---

[1] „F O U R | IFZ", https://ifz.me/events/2018-04-28/f-o-u-r (abgerufen am 18.01.2022).

mal so sonderlich falsch und die Gefahr, sich selbst zu überhöhen oder auch in eine Richtung abzurutschen, die eigentlich abgelehnt wird, nicht weit entfernt.

Andererseits ist der Mythos jedoch auch Teil des Reizes, des Wunsches nach dem Verbotenen. Jener Moment, das erste Mal diesen Raum zu betreten und so absolut nicht zu wissen, was einen erwartet, gehört zum ultimativen Cluberlebnis unbedingt dazu.

Vielleicht ist aber die Mythosschaffung nur der Effekt, der entsteht, wenn es eigentlich um etwas ganz Anderes geht: die Wahrung der Intimität, den Schutz der Privatsphäre. Nur die Gewissheit, eben nicht am Montag mit den Abbildern der Extase konfrontiert zu werden, ermöglicht diese erst. Und noch viel wichtiger bietet sie Gruppen, die sich in der Welt da draußen nicht so zeigen können, wie sie eigentlich wollen, die Möglichkeit zur Selbstentfaltung. Auch wenn ein Club ganz bestimmt kein *Safe Space* ist, trägt ein Fotoverbot zumindest ein kleines bisschen dazu bei, sich zumindest etwas sicherer vor der Außenwelt zu fühlen.

Während das Argument der Wahrung der Privatsphäre bei solcherlei Fotos, die in Partymomenten entstanden sind, durchaus ein starkes ist, kann es im vorliegenden Fall, der fotografischen Dokumentation von Ausstellungsstücken allerdings nicht so richtig angewandt werden.

Insbesondere, weil die Dokumentation ihrer Arbeit für die ausstellenden Künstler*innen einen anderen Wert hat als ein einfaches, bei Instagram geteiltes Foto.

Das Kunstbusiness funktioniert zu großen Teilen über Selbstvermarktung – in Form von Portfolios, die mit Bildern der bereits gezeigten Arbeiten gespickt sind.

Und wenn schon das Honorar gar nicht vorhanden oder lächerlich niedrig ist, dann braucht es wenigstens gute Bilder, um einen Platz in der nächsten Ausstellung mit keinem oder einem lächerlich niedrigen Honorar zu bekommen; und das alles in der Hoffnung, irgendwann entdeckt zu werden.

Auch wenn diese Gleichung zu Recht zu kritisieren ist und es wesentlich besser wäre, könnten alle anständig bezahlt werden, ist eine ordentliche Dokumentation trotzdem unglaublich wichtig für die ausstellenden Künstler*innen.

Was also heißt es, wenn selbst die Veröffentlichung eines Fotos, welches mit Sicherheit nicht die Privatsphäre eines sich selbst entfaltenden Partygastes verletzt, nicht einfach so geschehen kann, sondern im Gegenteil stundenlange Plenumsdiskussionen und Unmut auch auf Seiten der Künstler*innen hervorruft?

Wenn die Bilder, die dann doch entstehen, nur so halb verwendet werden können, weil in der einen Ecke doch noch die paar Zentimeter zu viel Dancefloor zu sehen sind?

Es bedeutet, dass dieses Buch ein Kompromiss ist. Es ist Resultat eines langwierigen Prozesses, ein Resultat, mit dem vermutlich nicht alle zufrieden sind, in dem aber alle Seiten sowie der Wunsch nach Wahrung des Geheimnisses, der Wunsch nach Bildern, die bleiben und eben auch die Notwendigkeit von Bildern für Künstler*innen enthalten sind.

Vielleicht sind an manchen Stellen für einige sogar ein paar Meter zu viel Dancefloor zu sehen, vielleicht sind einige Arbeiten nicht in ihrer Gänze dargestellt.

Vielleicht ist das aber auch richtig so, schließlich bleiben manche Erinnerungen einer Clubnacht glasklar erhalten, während andere aber nur noch bruchstückhaft vorhanden sind.

Zu guter Letzt muss auch noch angemerkt werden, warum dieses Buch überhaupt erst nötig und möglich wurde: die Einmaligkeit dieses Projekts, ausgelöst durch die Pandemie. Da lässt sich nur hoffen, dass dieses Kapitel bald auch wieder abgeschlossen werden kann und der Club endlich wieder dort walten kann, wo Fotos wirklich nicht angebracht sind.

Dann kann wieder gemäß den Worten eines großen Lyrikers gehandelt werden:

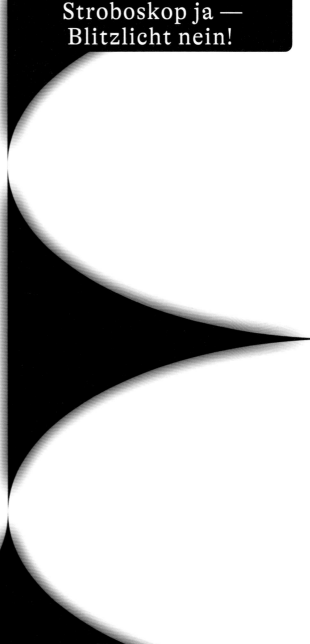

Stroboskop ja — Blitzlicht nein!

Andrej Vitaljewitsch Borkowski
La salle de hygiène
Totes Gewässer
2014–2021

JP Langer + David Rank
Wit
Beton, Stoff
2021

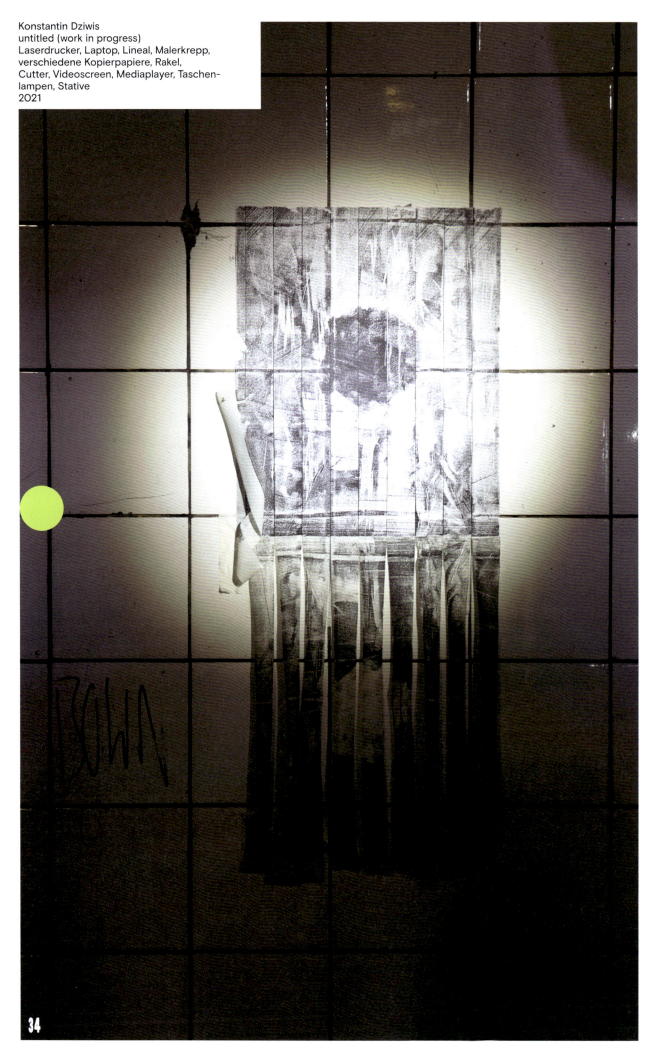

Konstantin Dziwis
untitled (work in progress)
Laserdrucker, Laptop, Lineal, Malerkrepp, verschiedene Kopierpapiere, Rakel, Cutter, Videoscreen, Mediaplayer, Taschenlampen, Stative
2021

Sophia Kesting + Dana Lorenz
TRAKT IV
plakatierte Fotografie,
120 g Affichenpapier auf Blueback
378 × 472 cm
120 × 150 cm
112 × 90 cm
2017 – 2019

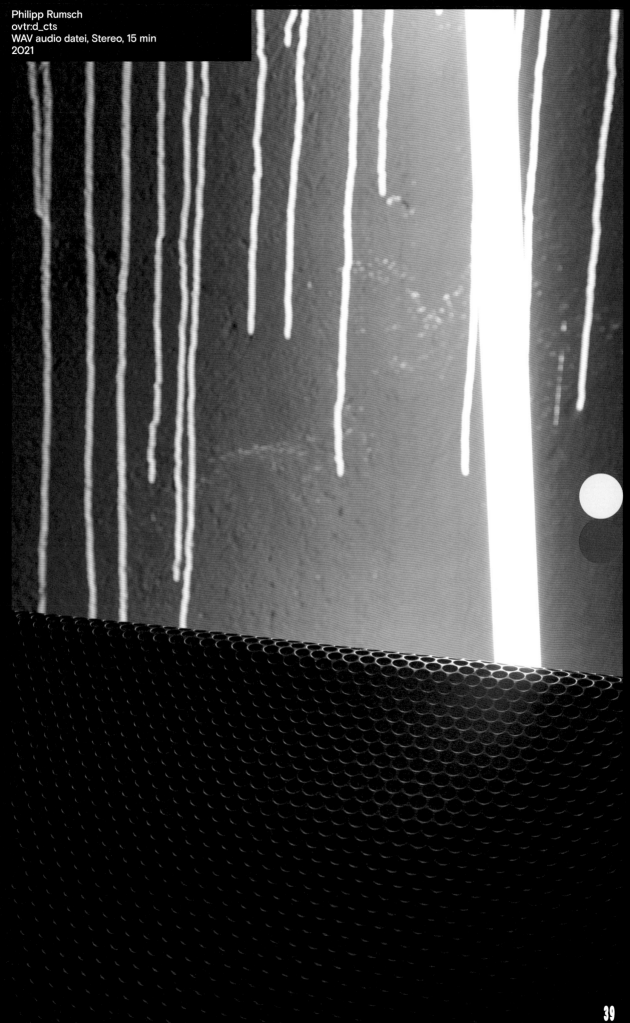

Philipp Rumsch
ovtr:d_cts
WAV audio datei, Stereo, 15 min
2021

David Schnell
Putzlichtung
Wandmalerei
2021

Sophie Constanze Polheim +
Tom Schremmer
escapism & rebellion
Video
2020

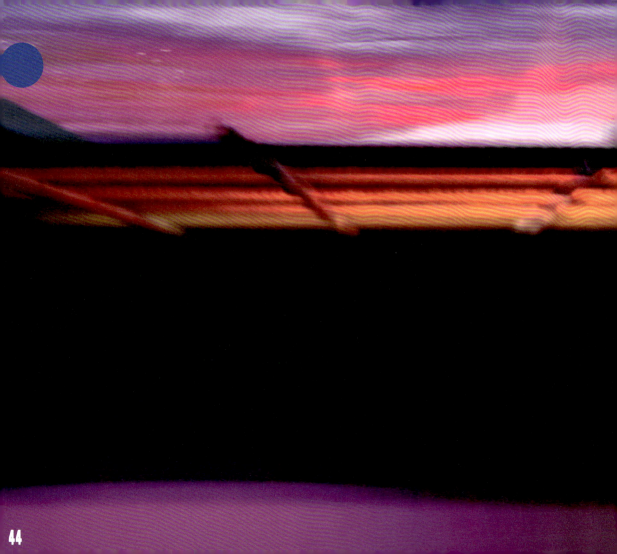

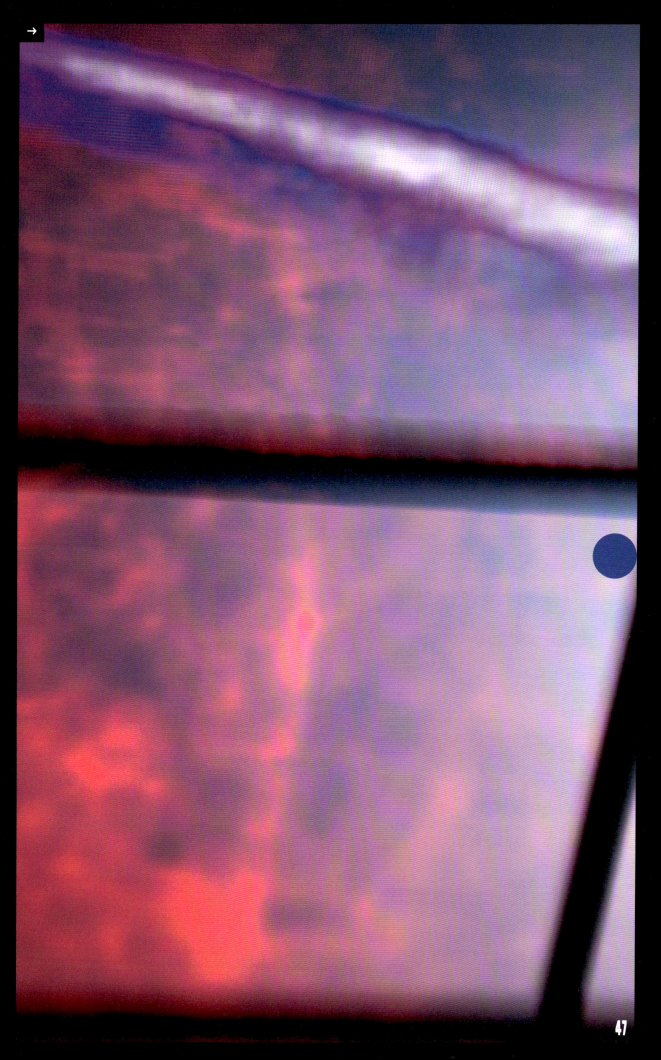

Saou TV + Agyena
Converging Patterns
Audiovisuelle Installation
2021

Sophia Kesting + Dana Lorenz
TRAKT IV
plakatierte Fotografie,
120 g Affichenpapier auf Blueback
360 × 450 cm
2017–2019

IM DARKROOM IST EIN KLEINER WASSERFALL

Stephen Stahn →

im darkroom ist ein
kleiner wasserfall

begehung heute um 13:12
in diesen raum würde ich nicht reinschauen
und in diesen auch nicht
und die pfütze hier ist eigentlich immer da
und hier lassen wir die tür lieber zu
und das licht lieber aus
und montag ist immer schwierig hier
und sei mal kurz leise: hörst du es auch plätschern?
crazywolf zuckerfrei, mein neues lebenselixier
und den ganzen sommer lang
im feuchten kalten sitzen
der discoschnupfen in pandemiezeiten
und der garten eden ist jetzt betoniert
und mit der schwarzen marke
das bier zum halben preis
von porösen wänden
und fragilen säulen
und verschimmelten couches aus dem darkroom
und vergammelten äpfeln in den obstschalen
vom provisorisch improvisierten
und improvisierten provisorischen
und nur noch vier vorhängeschlösser, dann bin ich bei dir
vom chronisch leeren snackautomat
und undurchsichtigen stromkreisläufen
und der immer gleiche zahlencode
und stützpfeiler mit pferdesalbe
von professionellen unprofessionellen
und unprofessionellen professionellen
und sorry kann nicht zum plenum, hab noch plenum.
und vom sommer im november
von ruhigen und entspannten donnerstagen
und verschwommenen samstagen
und sehr diffusen sonntagen
und im darkroom ist ein kleiner wasserfall
pandemische einmaligkeiten
und
wenn morgen die frage ist
war gestern die antwort

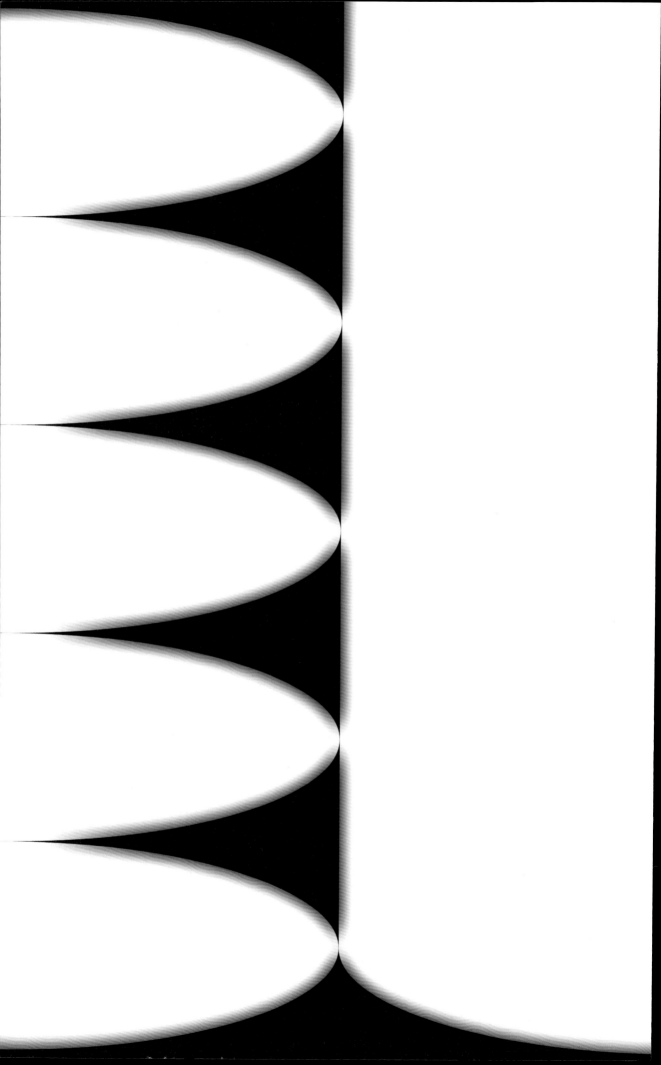

Nathalie Valeska Schüler
Turn
Holz, Beize, Wachs, Lacktextil
2021

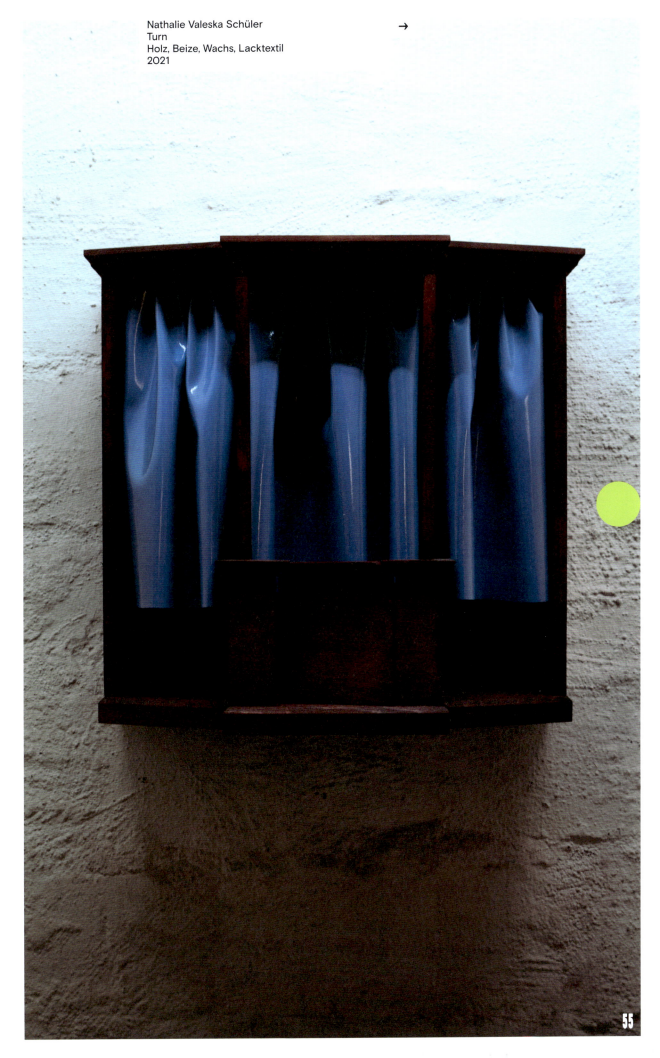

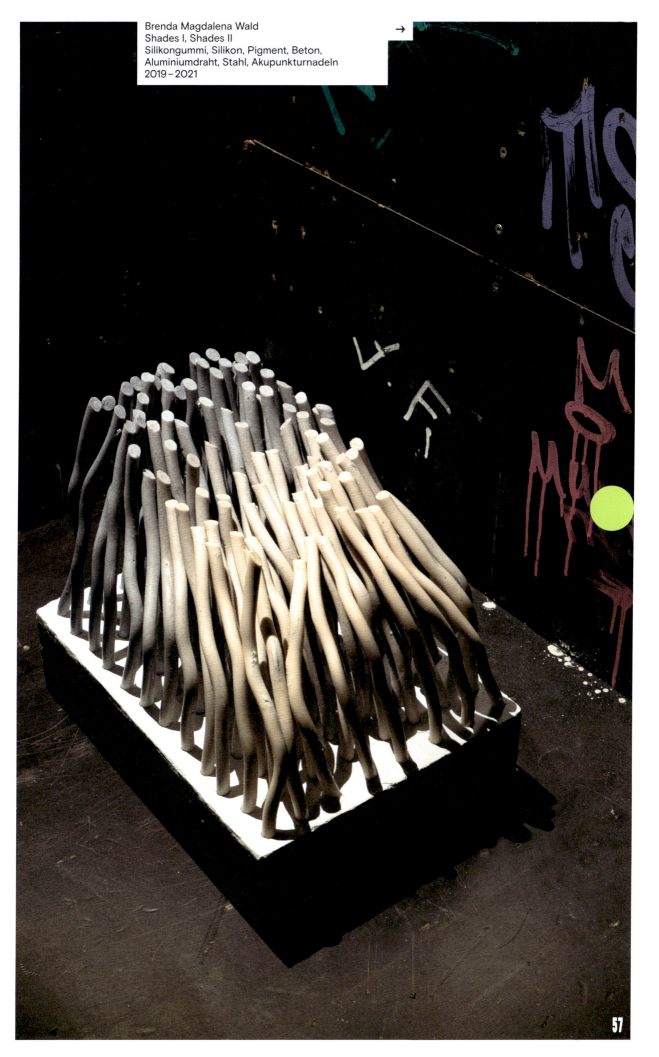

Brenda Magdalena Wald
Shades I, Shades II
Silikongummi, Silikon, Pigment, Beton, Aluminiumdraht, Stahl, Akupunkturnadeln
2019–2021

Anica Seidel
Telling It Real
Baseballschläger, Metallketten, Stahlkabel, Holz, Lack
2020
Heads Up
Mercedes-Sterne, O-Ring, Lochblechstreifen, Leder, Rundrohr, Killer-Niete
2021

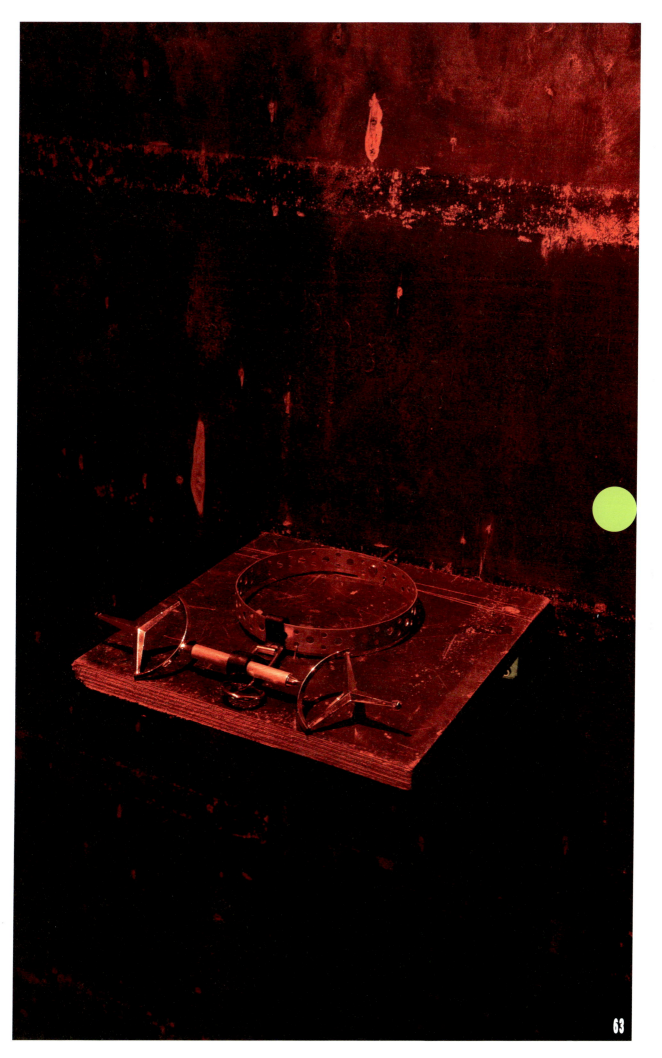

Vanessa A. Opoku
o. T.
3D Render auf Acrylglas
84,1 × 59,4 cm
2021

Valeria Schneider
CHEERY AND BRIGHT
Ink on paper
38 × 29,7 cm
2021

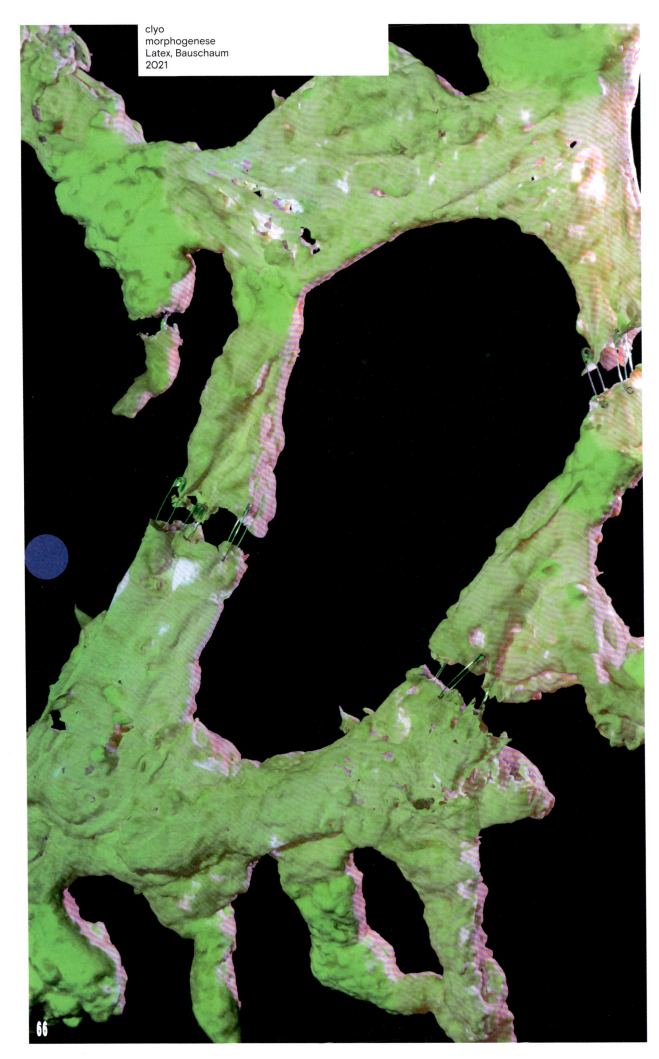

clyo
morphogenese
Latex, Bauschaum
2021

Florian Wendler
Katharsis, Funde, Bohrer 1.1–1.22
Installation, Silikonkautschuk
2021

Sophie Fitze
Liebestöter II
Stahl
2021

Sebastian Burger
Fløyen.
Video loop
80 × 40 × 15 cm
2020

Stephan Schieritz
Klappbock auf Dielenboden
Acryltusche auf Leinen
70 × 60 cm
2021
Kleine Strahlenaralie in Zimmerecke
Acryltusche auf Leinen
60 × 40 cm
2021

Eliza Penth
prototype_4 myths
Acrylglasschnitt, Latex-Tiefdruck, Metall, Latex, Baumwolle, Gips, Papier, Pins
2021

Dominika Bednarsky
Snails
glasierte Keramik
2018–2020

Katrin Becker
tube
C-Print (Tape auf Papier) (Stahl auf Papier)
2021

Max Johnson + Noah Evenius
Stützpfeiler (2.1, 2.2, 2.3, 2.4)
Stützpfeiler, Pferdesalbe
2021

Svenja Deking
Butter bei die Fische
Gips, Bronze, Fundstücke
2021

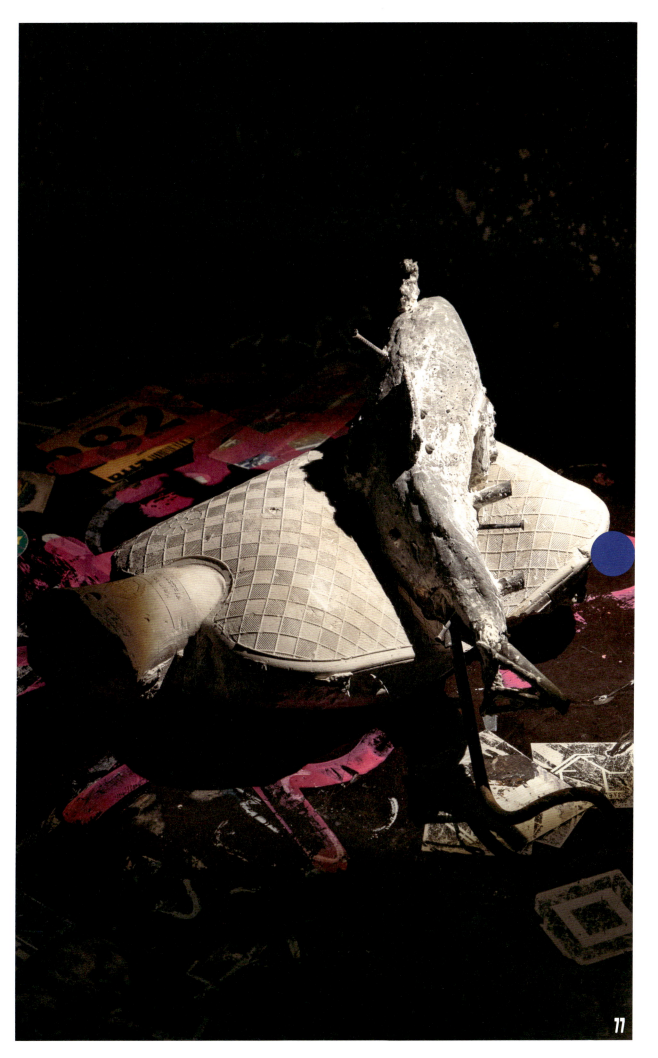

Svenja Deking
And it burns, burns, burns.
Gips, Bronze, Fundstücke
2021

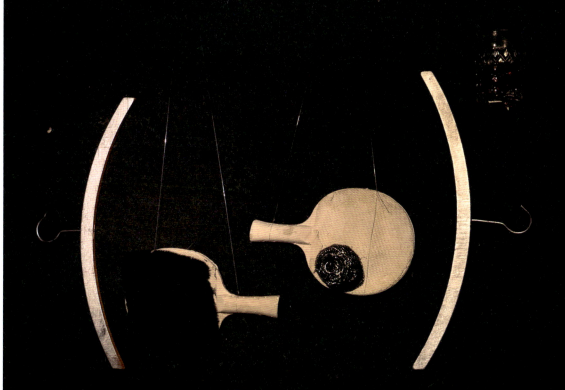

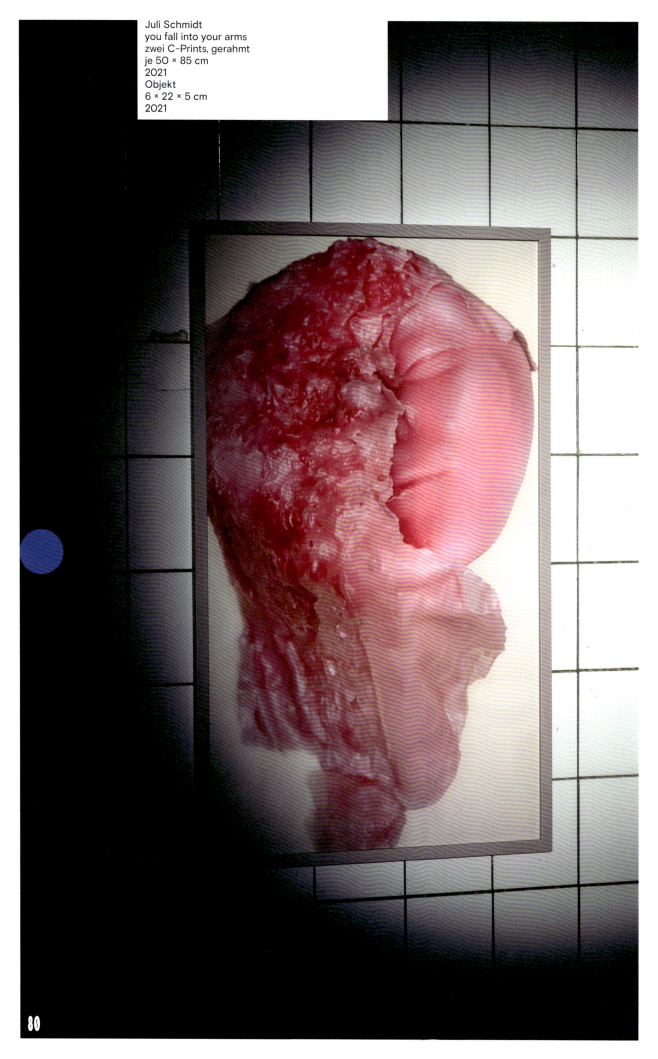

Juli Schmidt
you fall into your arms
zwei C-Prints, gerahmt
je 50 × 85 cm
2021
Objekt
6 × 22 × 5 cm
2021

Jana Slaby
Body 12
Maße variabel, Glas, Scoby, Leerdosen
2021
Body 13
60 × 80 cm, Glas, Scoby, Leerdosen
2021

Salome Lübke
White Tiles were all around us
Audiovisuelle Installation, Fliesen
2021

Sophie Constanze Polheim
Untitled
Acryl, Metallkette
2021

Marjan Baniasadi
Weave in time
Videoinstallation
2017

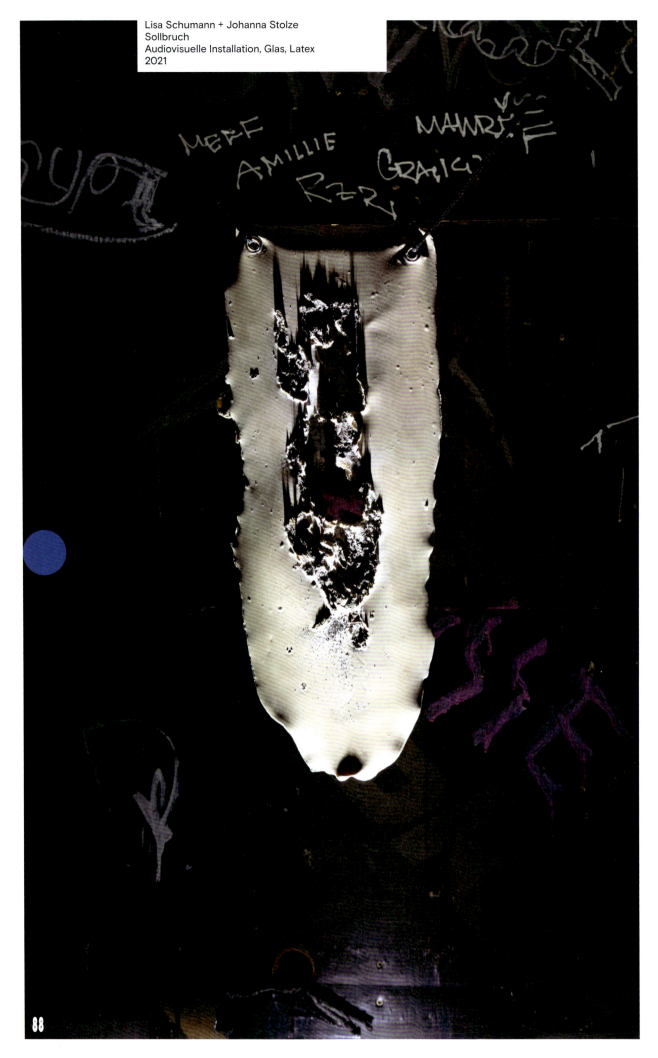

Lisa Schumann + Johanna Stolze
Sollbruch
Audiovisuelle Installation, Glas, Latex
2021

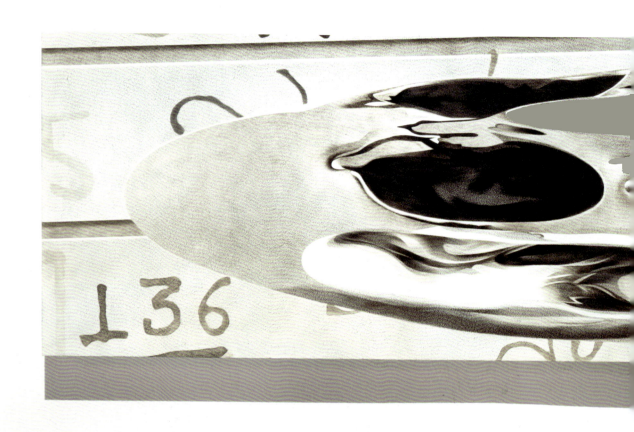

Sebastian Burger
136 BARA 62
Öl auf Aluminium
20,8 × 80 cm
2021

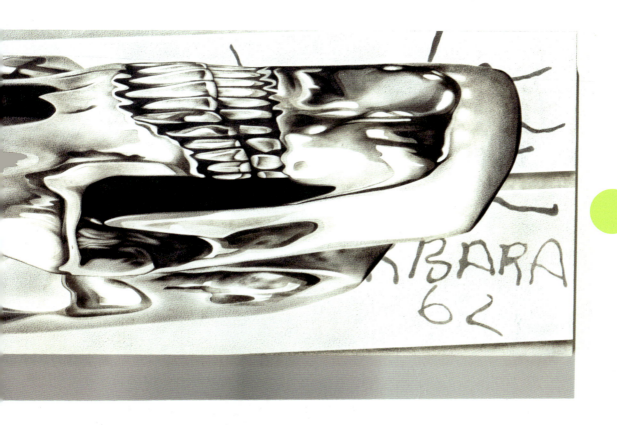

Christian Kölbl
Exhibition Opening
Kaffeemaschine, Multifunktionstisch, Granny Smith, Obstrutsche
2021

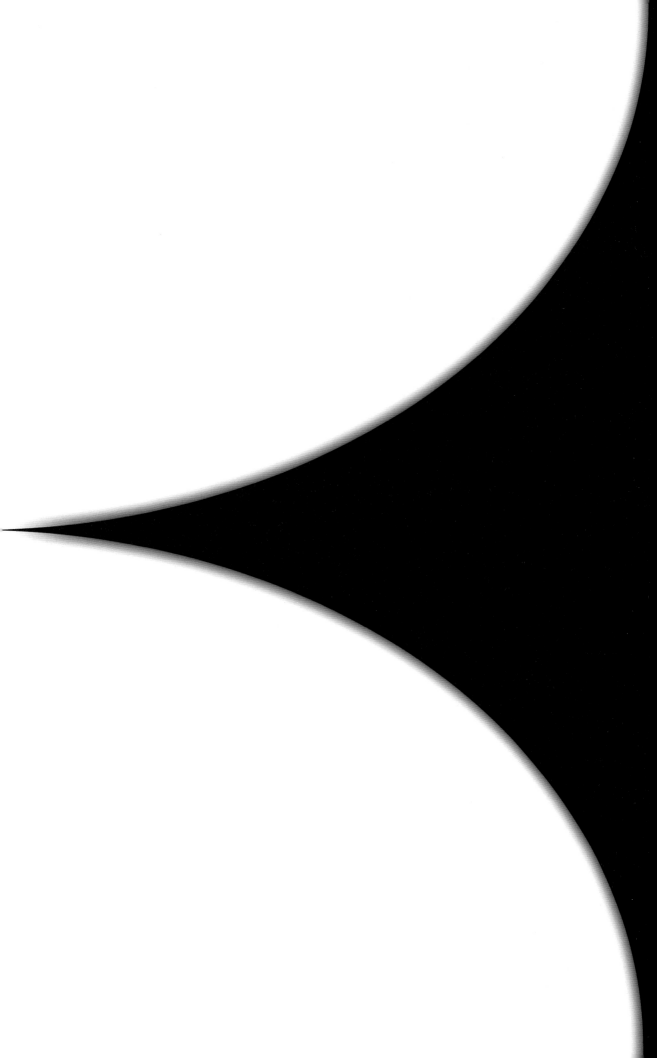

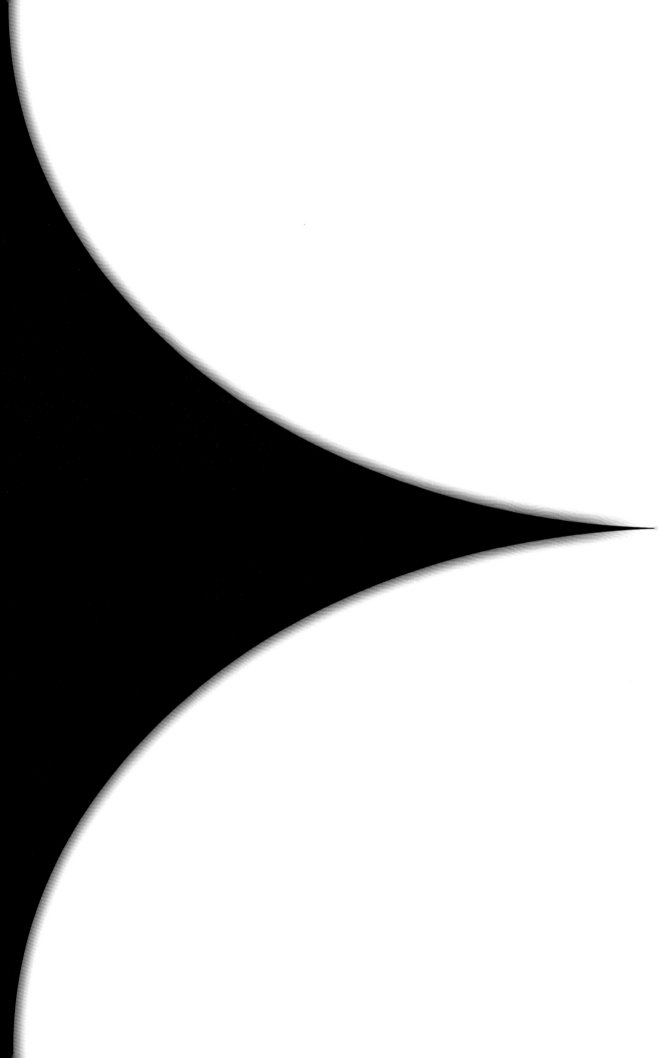

Stef Heidhues
No Sign #1
Aluminium, Acrylglas, Collage
2019
No Sign #2
Aluminium, Acrylglas, Collage
2020

ILL
ILLOMAT – PROPAGANDA MACHINE
Installation
2021

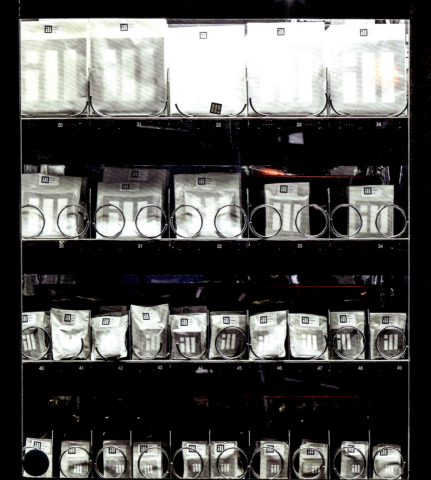

Jo-Hendrik Hamann
Augustusplatz
plakatierte Fotografie,
120 g Affichenpapier auf Blueback
237 × 356 cm
2020

Larissa Mühlrath
Keine Zeit
Stuhl, Tisch, Steinmehl
2021

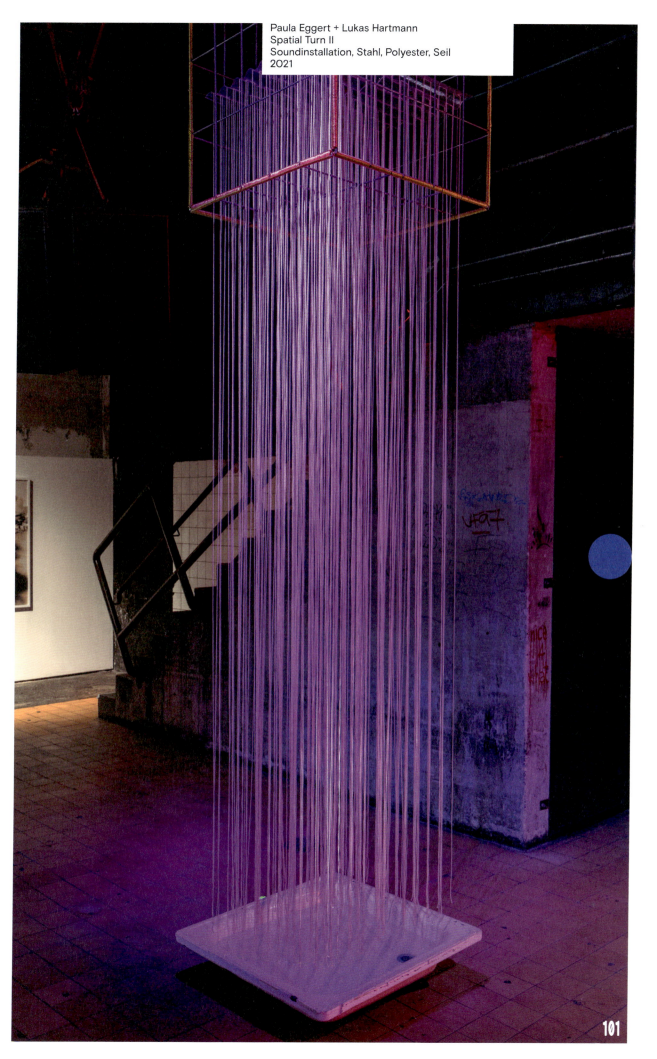

Paula Eggert + Lukas Hartmann
Spatial Turn II
Soundinstallation, Stahl, Polyester, Seil
2021

Anna Steinherz
ich werde gefallen
Islandmoos, Kupfer, Holz
2019

Daniel Rode
PLEASE USE ME
Neon
2013

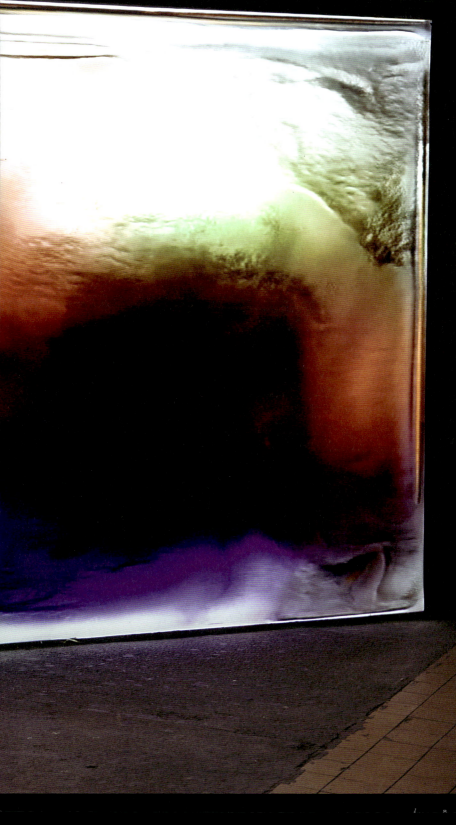

FLÜCHTIGE, BRÜCHIGE RÄUME, GISCHT DER PANDEMIE

Manuel Stallbaumer →

Flüchtige, brüchige Räume,
Gischt der Pandemie

> There is a crack in everything
> That's how the light gets in
> Leonard Cohen

Auseinanderdriftende Sphären

Manchmal scheint die Welt wie eine andere. Es eröffnen sich Möglichkeiten, alles scheint bewältigbar, das Verhungern und das Verlassensein, Verschüttetes, Krisen und Lösungen, das Vergessen und das Erinnern. Die Gedanken und die Trauer laufen wie Füße durch Gischt und Sand, umspült von Muscheln, Ewigkeit und Salz, als wäre aus allen je vergossenen Tränen ein Meer entstanden, darin die Vergangenheit, zu blühenden, bevölkerten Korallenriffen verwandelt. Ein Meer, an dessen Ufern eine Siedlung namens Hoffnung entsteht. Solche utopischen Momente sind wahr – und flüchtig.

Utopien sind Träume, Vorstellungen, was einmal sein könnte. Sie verhalten sich zur Realität, sind aber *„wesentlich unwirkliche Räume"* schrieb Foucault in *„Andere Räume"* (1967). Demgegenüber und analog dazu setzte er einen Begriff der tatsächlich existierenden anderen Orte, *„Orte außerhalb aller Orte"*, Heterotopien. Diese hzhz *„wirkliche Orte, wirksame Orte"*, sie sind Räume gewendeter Kultur, andersartige Räume. Friedhöfe, Gefängnisse, Kirchen, Psychiatrien, Museen ebenso wie Festorte, Rummelplätze, Räume, die in uns ein Gefühl des Anderen evozieren.

Heterotopien brechen mit Herkömmlichem, sind aber platziert in der Gesellschaft, in ihren Peripherien und auch in ihren Zentren, trotzdem aber immer am Rande. Wir verkehren dort, freiwillig oder gezwungen. Es muss Einlass gewährt werden, es gibt Rituale, die ihr betreten, bestreiten und verlassen begleiten, sie sind immer oder manchmal begehbar. Oder waren es, bis 2020.

Geplante Zufälle

Clubs und Raves wird oft ein utopisches Potential zugeschrieben, ihr Stattfinden sogar selbst als verwirklichte Utopie beschrieben. Dem zugrunde liegt zum einen die Geschichte des Techno, entstanden als widerständige Graswurzelbewegung marginalisierter, prekärer und proletarischer, schwarzer Visionär*innen, verknüpft mit Befreiung von Konventionen, zum anderen die Erfahrungen, die im Club entstehen: Flüchtigkeit und Lust, Ekstase und Synchronisation, sich verlieren, finden, da sein und verschwinden, akzeptieren und angenommen werden. Das Mystische potenziert sich, im Wabernden, Nebligen, Blitzenden. Vielleicht funktioniert die Abgrenzung zum Alltag überhaupt nur so gut, weil so viel anderes gleichzeitig passiert, Raum und Licht und Dunkelheit, Musik, Menschen, Rausch. Nebel, Stroboskop und dämmriges Licht. In diesen Momenten lässt sich ganz aus dem Funktionierenmüssen heraustreten, temporär anforderungsfrei Entscheidungen treffen, die als unvernünftig gelten und doch für einen Moment von alltäglichen Strapazen befreien.

Neben diesen möglichen, zufälligen Erfahrungen gibt es eine zugrundeliegende, gemeinsame Erfahrung: die der Gemeinsamkeit, des Miteinanders. Eine mögliche Deutung dieser Gemeinsamkeit: Ähnlich verstört an der Welt und ihrer Einrichtung und Verwaltung, der menschlichen Einödung inmitten von strömenden Massen zu sein. Denn weil, wie alle, die irgendwann mal über Kommunikation belehrt wurden, ohnehin wissen, wahr ist, dass man nicht *nicht* kommunizieren kann, gilt auch: Diese Zustandsveränderung verpufft nicht, sondern trifft Rezeptoren.

Diese Zustandsveränderung trifft Rezeptoren, beim Hinabsteigen auf den Dancefloor, in das bunkerhafte, fensterlose das ruinenhaft anmutende Gebäude, welches zeigt, dass es zuvor schon ein anderes war, anderen – produktiven – Zwecken diente. Sie trifft Rezeptoren und sie wirkt; manchmal. Bisweilen – und diese Gefahr droht immer – mag auch Vereinzelung entstehen oder bleiben. Doch lieber vereinzelt auf der Tanzfläche oder an der Bar, als vereinzelt zu Hause, mit Kontaktbeschränkungen und Eindämmungsmaßnahmen. Ersteres enthält wenigstens die Möglichkeit der kollektiven Intimität.

Natürlich sind Clubs Heterotopien. Gerade weil die Widersprüche an- und vorgeführt werden, entfaltet sich das emanzipatorische Potenzial. Der stampfende Rhythmus der Maschinen wird auf einmal zum Herzschlag, zur Grundlage der gemeinsamen, intimen Synchronisation. Und die Methode der Musik, mit Samplern, Synthesizern und Sequenzieren, das Verändern von Klängen als Bewältigung. Viele Menschen nebeneinander, in all ihrer Eigentümlichkeit, für den Moment befreit von allem äußeren, ungewählten. Den Tages-, Alltagsrhythmus brechen, während gleichzeitig Musik im Rhythmus bleibt, maschinell stampft, aber statt bei der Warenproduktion entstehendem Klang, der nun zweckentfremdet ist, um Unproduktives zu evozieren und zu begleiten. Wie alles, was ist, sind auch Clubs widersprüchlich. *„Die Heterotopie erreicht ihr volles Funktionieren, wenn die Menschen mit ihrer herkömmlichen Zeit brechen."*, schrieb Foucault.

Der utopische Anspruch, die utopische Wirkung ist folglich keine konkret entspringende, formulierte Haltung, sondern die Erfahrung des Heraustretens aus dem Herkömmlichen, erfahren, dass es anders sein kann, anders ist, anders wird.
    Die Utopie wäre nun, dass das, was im Club passiert, eben nicht als Ausbruch von und in Abgrenzung zur Gesellschaft geschehen muss, sondern Momente davon Teil der Konstitution einer neuen Welt wären.

Auf einmal keine Welt

Aber statt einer oder vieler Welten gab es 2020 auf einmal keine Welt mehr. Vor immer weiter explodierenden Kapitalismus und implodierende Gesellschaften schob sich ein mächtiger, undurchsichtiger Schleier, die Pandemie. Mit dem Virus und seinen Mutationen kam eine Zeit des Nichts, wir Menschen uns wie stumpf gewordene Magnete umeinander bewegend, Abstand haltend, obwohl Anziehungskraft uns eingezeichnet ist. Zwischenmenschliche Grenzen, die ansonsten miteinander ausgelotet werden (sollten), bestimmte auf einmal der Staat. Wir sahen uns nur noch auf Bildschirmen, während die Zeit angehalten schien, zwischen Eilmeldungen und Inzidenzlivetickern, Leben in einer Leere.

Auf einmal war die Sprache vom *invisible enemy*, von Inzidenzen und Distanz, Einkaufswagenpflicht und Triage.

Mancherorts glomm zwar getrübte Hoffnung auf, dass durch diesen Bruch der Verhältnisse Einsicht in die falsche Einrichtung der Welt und folglich Emanzipation entstehen möge. Dass endlich Solidarität anstelle von unnachgiebiger Konkurrenz stehen würde. Die Widersprüche, so die Hoffenden, würden so deutlich zutage treten, dass keine*r mehr die Augen verschließen könnte.

Doch Corona funktioniert nicht für utopische Momente und auch nicht als abstrakte Heterotopie, weil es überall ist, weil kein Heraustreten mehr möglich war und ist, nur ein Eingeschlossensein. Die Pandemie ist kein Widerspruch zur Realität, sie ist die Realität.

Unsichtbare Hand, unsichtbarer Tand

Aber überall, wo Untergang ist, ist auch Goldgräberstimmung. Was für die einen eine Zeit der Wehrlosigkeit, starres, stummes Entsetzen (nicht einmal die Krankenpfleger*innen werden besser entlohnt, vom Rückbau des Abbaus des Gesundheitssystems gar nicht erst zu reden, nicht einmal die leiseste Hoffnung auf ein paar sozialdemokratische Forderungen erfüllt), war für die anderen die Zeit der neuesten Heilsversprechen.

Zur gleichen Zeit ist die Welt der neuesten Blüten des kapitalistischen Wahns wieder und weiter am hecheln. Möchtegern-Dom-Pérignon-Dompteur*innen stürzen sich auf NFTs und anderen Bullshit, als läge im irren, nur dem Zweck der Bereicherung dienenden Handel aller Sinn des Lebens. Die sich Crypto-Influencer*innen nennenden Litfaßmenschen überschlugen sich mit ihrem Triumphgeheul. Es ist eine weitere Spielart kapitalistischer Gamification, die in absurder Entfremdung digitale Trümmer um sich wirft. Anderswo und nebenan verhungern Menschen, zerbrechen sich den Kopf über Gesundheit und Krankheit, Miete und Monatsenden, gleichzeitig posaunen diese Leute ihre Lösungen für Nichts heraus, als wären es Engelsfanfaren. Die immerreicherwerdenden Reichsten machten einen elfminütigen Flug ins All, die Verhältnisse nicht überwunden, kein großer Schritt für die Menschheit, nur ein kleiner Schritt zum Abgrund, ein Wegstück der Distanz zum tatsächlichen Ende aller Geschichte.

Die Falschheit dieser Welt illustriert sich nicht nur an sich selbst, sondern auch an den Zuständen, mit denen sie parallel passiert und mit denen sie verknüpft ist. Gesehen werden vor allem die, die nicht *scheitern*, die verwertbar produzieren oder vermarktbar sind. Zu wenig wird in der Aufmerksamkeitsökonomie der Blick dahin gewendet, wo nicht erfolgreiche Kapitalakkumulation steht, oder aber nur auf ihre krisenhaften Auswirkungen. Alles wird verglichen, sortiert, geordnet, verwaltet, auf- und abgewertet, alles genormt, bis es einer Norm entspricht, die nichts als Beengung ist.

Der Vergleich ist die Denkform des Kapitalismus. Alles, auch Menschen, werden zu Waren, wie viel davon ist wie viel hiervon wert. Alles wird verglichen, die Gemeinsamkeit ist der Wert. Wo das eine mehr wert ist als das andere, entsteht zwangsläufig Konkurrenz. Die unsichtbare Hand des Marktes ist eine würgende, sie drückt den Menschen die Luft ab, was noch durchkommt, sind die überall sich ähnelnden, flachen, gehetzten Atemzüge, die Angst, nicht gut genug zu sein, die Angst, nicht genug zu bekommen. Die Realität, nicht genug zu bekommen.

Natürlich, wir Menschen können nicht, ohne zu vergleichen, denn nur im Vergleich können wir die Besonderheit, das Eigentümliche und Wunderbare in Allem erkennen, Dinge voneinander abgrenzen. Die Utopie wäre nun, diesen Vergleich nicht im Wettbewerb um den Wert enden zu lassen, sondern stattdessen die Unterschiede nicht als Gegnerschaft, sondern als Vielfalt zu begreifen.

Es lässt sich also argumentieren, es sei nichts Neues, Bedrohung in Mitmenschen zu erkennen. Die Logik des Kapitals wird als übermächtiges Lebensverhältnis internalisierte Haltung: Mitmenschen als Konkurrenz und damit als Gefahr wahrzunehmen, deren Abwertung und damit die eigene Aufwertung sind als Überlebensmechanismus mindestens ins Unterbewusstsein eingeschrieben. Doch im Gegenzug zu den falschen Versprechungen der behaupteten Solidarität gebietet die pandemische Lage es, alle Menschen, ohne echte Differenzierungsmöglichkeit, ganz offen ausgesprochen als gefährlich wahrzunehmen. Die bisher verschleierten Verhältnisse traten so analog, ganz offen zutage.

Institut fuer Zukunft

Natürlich ist der Club auch innerhalb der Verhältnisse gefangen: Als nützliche Ventilfunktion, Dampf ablassen, um dann werktags wieder entspannt und betäubt genug zu sein, den Trott mitzumachen. Das Bild von Clubs als Utopie ist auch aus anderen Gründen brüchig geworden. Dass die Verhältnisse aber noch nie bei der Kontrolle an der Clubtür abgegeben wurden wie ein von der Security gefundenes Taschenmesser, sondern immer dabei sind, wurde auch in den letzten Jahren vielen schmerzhaft bewusst.

Die Gesellschaft drängt seit jeher mit aller Kraft in die alternativen Räume. Patriarchat und sexuelle Gewalt finden dort wie überall statt. Ob und wie ein Club überhaupt ein Safe Space sein kann, als Ort der Entgrenzung? Aber ein Ort der Zärtlichkeit, ein möglichst konkurrenzloser, das sollte er sein.

Der Unterschied ist der Versuch. Dass in Clubkreisen, zumindest in Teilen von Leipzig eine intensive Auseinandersetzung geführt wird.

Und was weist mehr auf tatsächliche Veränderung, bzw. was macht diese aus?

Das Institut fuer Zukunft wollte schon immer mehr sein als nur ein Club, Ort der Auseinandersetzung, Raum für Vorträge und Workshops, schlussendlich Ort der kollektiven Organisierung und Solidarität. Nun stand man vor der Frage, was tun mit dem Raum, der nicht genutzt werden kann. Leerstehende Hallen, schweigende Lautsprecher, im dauerhaften Alltagslicht ist der Club geschält. Raum für Neues, Anderes?

Sich darüber zu freuen, erscheint angesichts der Toten und weiteren Verelendung der Lage unpassend. Aber diese Option zur kritischen Sicht verfallen zu lassen, würde bedeuten, sich von den Zuständen überwältigen zu lassen.

Kunsträume sind Heterotopien. Das Anderssein ist im Kapitalismus verbannt, Spielarten finden sich nur noch in den Peripherien und in der Kunst, die wiederum von der Kulturindustrie ohne Unterlasse verschlungen und verdaut wird. Kunst in dieser Welt und im Widerspruch dazu zu kuratieren, Kunst, die die Heterotopie des Ortes einfängt, freilässt und darüber hinausweist, war Anliegen der **DOSIS-**Ausstellungen.

Kunst im Club auszustellen hat auch deswegen etwas bittersüßes. Es ist aber gar kein so weiter Denkschritt hin zu einer Ausstellung. Was auf den ersten Blick wie zwei sehr verschiedene, widersprüchliche Welten wirken mag, Kunstausstellung und Clubnacht, hat also doch gewichtige gemeinsame Aspekte. Natürlich eint beide, dass sie Erfahrungsräume sein sollen, die mühsam und bedacht kuratiert wurden.

Licht anmachen

Künstlerische Expositionen sind wie Clubs kein Raum, den man einfach durchquert, wie eine Fußgängerzone oder der Arbeitsweg, wo gesenkte Blicke, Hast und Vereinzelung alle Einzigbarkeit vertreiben. Die dort entstehenden Erfahrungen, diese den Menschen eingeschriebenen Zufälle, dem liegt kein Zufall zugrunde. Wie eine Ausstellung kuratiert wird, also viele Blickwinkel zusammenzufügen, Assoziation zu ermöglichen, sich in Kunstwerken verlaufen zu können, weil sie Erfahrungen ansprechen und aufsprengen, so wird im Club auch eine Nacht kuratiert. Die Wahl und Gestaltung des Ortes, das Booking, die Tür, die gewählte und gemischte, veränderte Musik, Licht und Tontechnik, alles soll ein Ganzes ergeben, das die geplanten, flüchtigen und anhaltenden Zufälle ergeben kann. Foucault bezeichnete Heterotopien auch als Platzierungen, als Gegenplatzierungen zur Normalität, also konkret und gezielt erschaffene Sphären.

Dass die Verhältnisse nicht außen vor bleiben, ist auch in der Verfassung des Ortes eingeschrieben. Das Licht wurde angemacht, zu sehen sind die Wände, die trotz ihrer Intaktheit etwas abgehaltertes, brüchiges haben. Die Kunst davor, alles trägt Spuren des Verfalls. Entzaubert man den Raum dadurch? Vielleicht tritt so auch die Faulheit des Zaubers zutage, welche immer schon da war. Vermeintlich utopische Momente, die nur durch Distinktion funktionierten. Clubs nutzen gegebene, aufgegebene Räume, Musik, welche sie beschreibt und *beschreibt*, wie die ausgestellten Skulpturen, Bilder, Werke.

Ist der Ort flüchtig, oder sind es die Nächte?

Heterotopien sind etwas flüchtiges. Wenn sie zu sehr zur Normalität werden, funktionieren sie nicht mehr als Ausbruch aus dem Alltag. Vielleicht bedeutet eine Kunstausstellung im Club auch eine Chance, das emanzipatorische, aufsprengende Potential neu zu entfalten, das Entstehen eines neuen Andersort. Nach sechs Jahren Clubbetrieb hat sich vielleicht auch der Alltag eingeschlichen, was einmal ein Heraustreten war, wurde bisweilen ein weiter in den Mühlen treten. Vielleicht muss es so gesagt werden: Clubs und Ausstellungen sind noch nie angetreten, Utopie zu machen. Aber die Räume, welche Menschen dabei entstehen lassen, bergen bestenfalls Verwirklichungssphären, sind Geburtsstätten des Anderen.

Aber was, wenn sich alles um das Objekt herum ändert? Wenn vor und mit den Türen die Welt sich weiterdreht, während drinnen die Lautsprecher schweigen und niemand sich den Amphetaminrachen mit tausenden selbst geglaubten und schon heiter gefühlten, zukünftigen Verabredungen heiser redet, mit träumendem Geplapper um sich wirft, im Rausch in der monotonen Musik Stimmen von Zukunft reden hört?

Das Immergleiche der Coronazeit ist nun eine übermächtig erdrückende Erfahrung, demgegenüber der vorherige, immergleiche kapitalistische Alltagstrott vielen wie ein begehrenswerter Zustand erscheint. Wohin mit der Utopie, wenn man sich auf einmal nach der ganz normalen Verwertung sehnt?

Während wir zu Hause sitzen, uns an Serien und ihren Geschichten mit Erzählbögen und Lösungen, Enden und Anfängen überfüttern, den Produktionen auf Netflix & Co. ist nicht hinterherzukommen – als stürze man eine endlose Treppe hinunter, aber weich verpackt – während wir so nur Zuschauer*innen von Erlebtem sind, stehen wir vor einem reißenden Fluß und starren aufs andere Ufer, an dem schon lange nichts mehr passiert. Die pandemische Lage prasselt auf uns ein, nur das Framing ändert sich, das Bild nicht, der Zustand nicht.

Unsichtbares. Die Ausweglosigkeit, Quarantäne und Isolation

Etwas, das wir nicht sehen können, von dem wir nicht wissen, ob es in uns ist – schon zu uns gehört? – ob es in anderen ist, was es mit uns machen wird; dieses Etwas brach über uns herein.

Wir sitzen zu Hause, spazieren mit Abstand, heilloses Umherirren auf immer gleichen, bekannten Wegen. Was bleibt von einer Szene, von Freizeit- und Lebensentwürfen, wenn sie nicht stattfinden? Was bleibt von Nähe, Zärtlichkeit, Verletzlichkeit, Ekstase, wenn im Widerspruch zu sonst ihre Vermeidung Solidarität bedeutet? Wo kann Flüchtigkeit stattfinden, zwischen Kontaktnachverfolgungen? Wo sind noch Orte, die aus dem Alltag ausbrechen, wenn wir den Alltag immer in Hosentaschen mit uns tragen, dauervernetzt, -beschallt und -beworben? Wenn alles mit allem verbunden ist, in Konkurrenz verschweißt? Wo ist noch Widerspruch, wenn man als Kritiker des Staates und der Verhältnisse auf einmal autoritäre Maßnahmen verteidigen muss, weil echte, solidarische Lösungen nicht umgesetzt werden?

Wie Vertrauen Basis jeder Gesellschaft sein muss (auch wenn ihr durch die Verhältnisse parallel Misstrauen eingeschrieben ist, alles ist widersprüchlich), um ihr Funktionieren zu gewährleisten – ich traue Busfahrer*innen, dass sie keinen Unfall bauen, den Menschen um mich herum, dass sie mich nicht abstechen wollen, mich nicht vergiften, mein Haus nicht anzünden – so ist Vertrauen auch im Club unerlässlich, vielleicht sogar noch mehr. Ich vertraue, dass meine Eigentümlichkeit, mein Innerstes, alles, was ich dort viel mehr nach außen kehre, akzeptiert wird, dass ich sein darf.

Was, wenn dieses Vertrauen sich nun verflüchtigt hat? Wenn die Menschen um uns unsichtbare Gefahr tragen, dann funktioniert dieses Fallenlassen nicht mehr. Ohne Ende der pandemischen Lage kaum ein Ausbrechen aus ihr. Ein Escape Room ohne Lösung.

Sichtbares. Neue Dämmerung

Außerhalb der Clubs und anderer Heterotopien hat dieses Fallenlassen in öffentlichen Räumen noch nie funktioniert. Die Welt wurde in den vergangenen Jahrhunderten von angespannten, verkrampften, verbitterten Menschen erobert, erdrückt und ausgebeutet, die als ursprüngliche Katastrophe ihre Welt verstanden, und als Grund ihrer Existenz glaubten, als Schuldige aus dem Paradies vertrieben worden zu sein. Demgegenüber stand höchstens eine falschrationale Illusion, dass die kalte Verwaltung und Ordnung der Welt dem Himmel am nächsten kommen würde.

Der Club steht inmitten dieser Welt, in einer ihrer architektonischen, ausgemusterten Hinterlassenschaften. Institut fuer Zukunft, ausgerechnet so heißt ein Ort, in dem man bisweilen genau das nicht will, nicht an morgen denken sollen. Denn wann lässt es sich erlöster an morgen denken, als wenn man es nicht muss? Die schwitzigen, rauchigen, sauren Dampfschwaden, die aus Clubs dringen, sind nicht der benjaminsche Sturm, der vom Paradiese her weht. Sie sind nur zäher Geruch, der sich in den Klamotten verfängt. Aber diesen Geruch, so miefig und unangenehm er sein mag, tragen wir bei uns, wenn wir, den Club hinter uns lassend, in einen neuen Tag treten und alles bewältigbar erscheint: *„die Entwicklung und der Stillstand, die Krise und der Kreislauf, die Akkumulation der Vergangenheit, die Überlast der Toten, die drohende Erkaltung der Welt."*

So, mit dieser schmerzhaft wahren, foucaultschen Aufzählung im Gepäck, nicht anders, wird die Menschheit hin zu einer neuen Dämmerung aufbrechen, wie wenn man nach Stunden im Club aufbricht, blinzelnd, von der Sonne geblendet, erschöpft, bittersüß, leergesogen und erfüllt von der Nacht, vom Gefühl, mit anderen in dieser Welt zu sein. Vielleicht, irgendwann – womöglich nie. In eine andere Welt, die fast dieselbe ist.

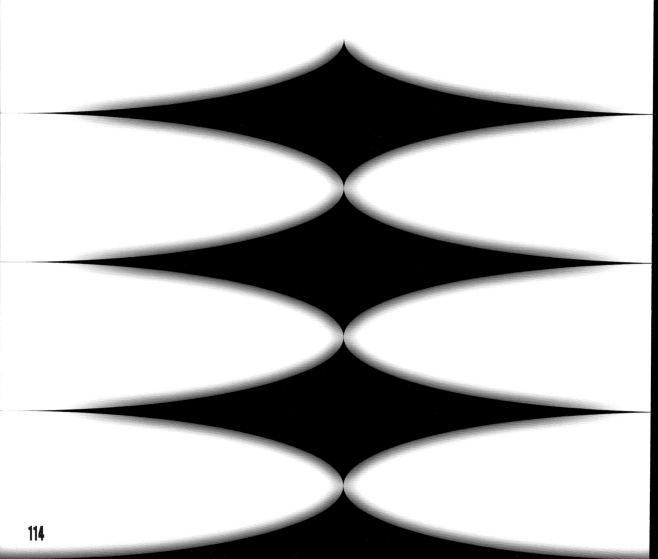

Yannick Harter
chance composite
Videoinstallation, 3D-Animation, loop
2021

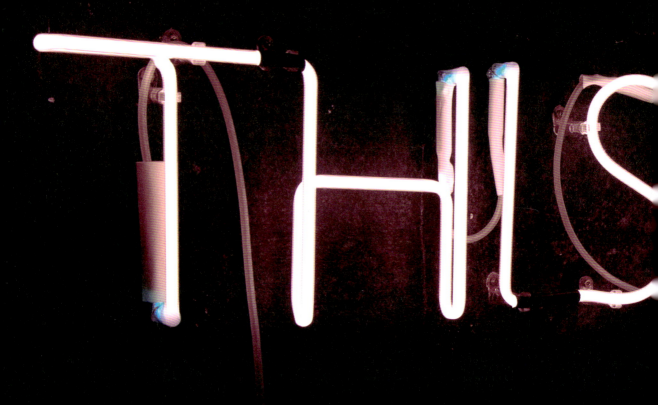

Ewa Meister + Johanna Ralser
(mit Giuli Giani und Kristin Gruber)
THIS IS NOT A NIGHTCLUB
Sound-Licht-Textinstallation
2021

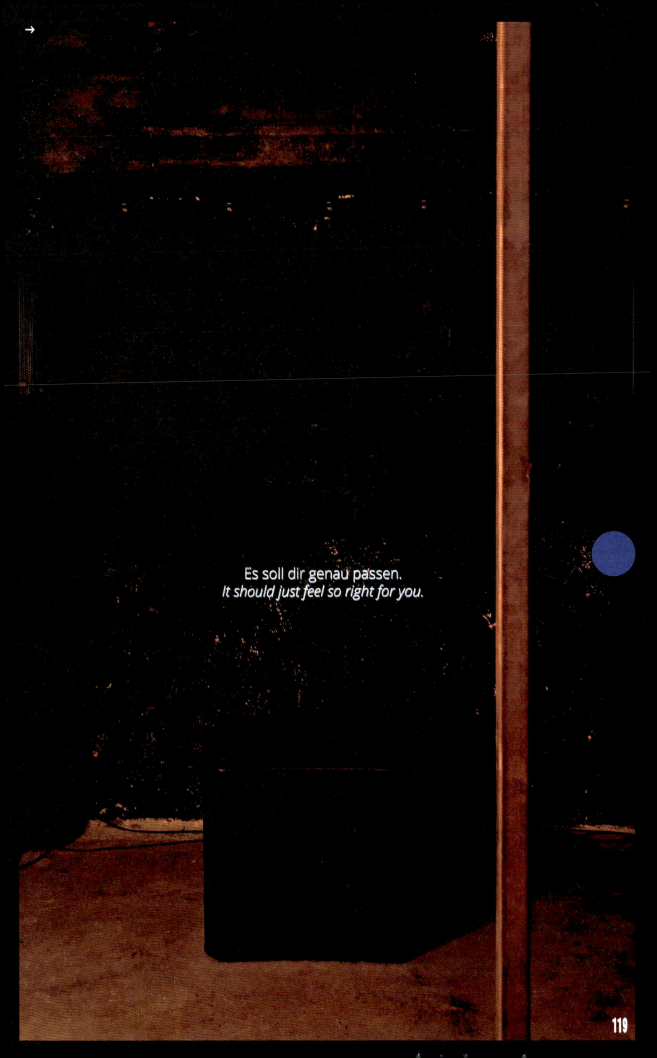

Anna Sophie Knobloch
Your House Is My House Is Your House Is Mine
Videoinstallation, Werbebanner, Stahl
2021

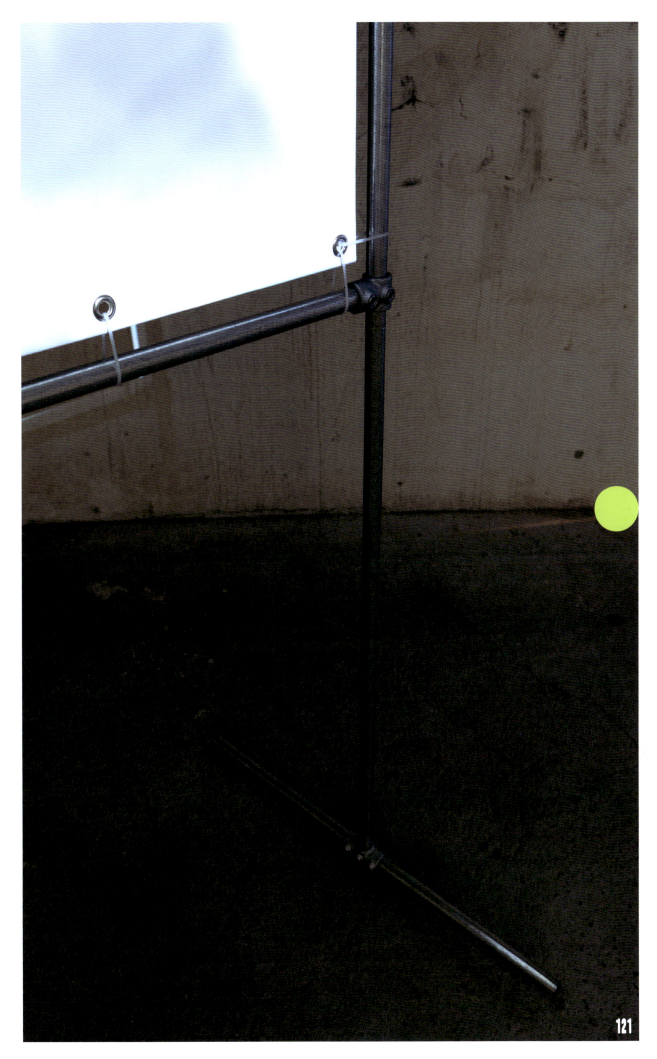

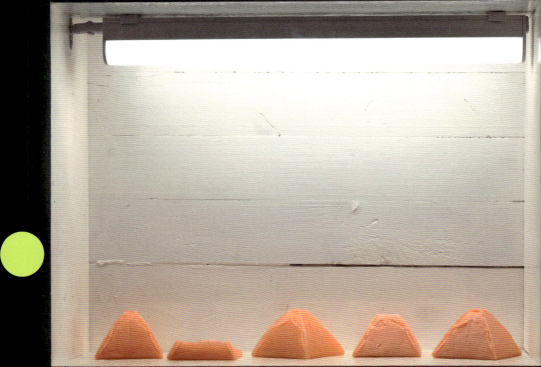

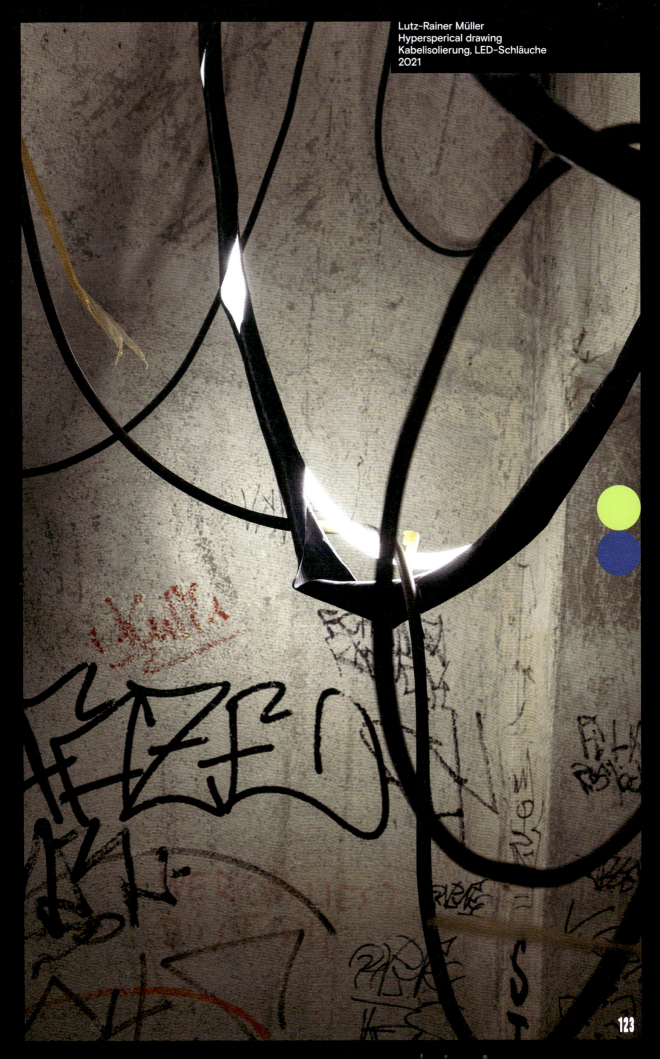

Lutz-Rainer Müller
Hypersperical drawing
Kabelisolierung, LED-Schläuche
2021

Barbara Lüdde
Here For Your Entertainment
App Installation, Tablet, Wandhalterung, Kopfhörer
Sound: Elinor Lüdde
Programmierung: Marc Delling
2021

076**KRU
//Freunde sind friends//
Tiere, Fell, MDF, Acryl, Papier
2021

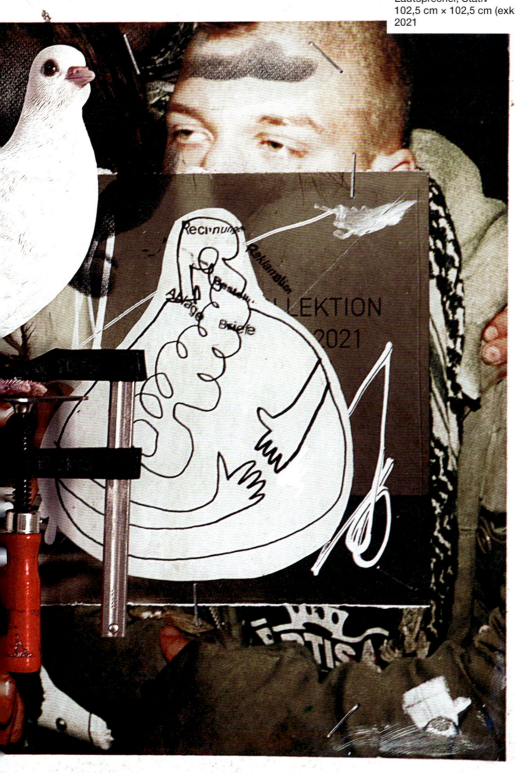

Thomas Baldischwyler
O.T. (Taube Hände)
C4 Print, Metallhalter, Tauben-Attrappe, Schraubzwinge
Maße variabel
2021
O.T. (R.R.I.F.)
Video Loop, LED Panel, Schattenfuge, Lautsprecher, Stativ
102,5 cm × 102,5 cm (exkl. Lautsprecher u. Stativ)
2021

Murat Önen
Schlaflos
Öl auf Leinwand
58 × 46 cm
2021

LAA: Leni Pohl + Antonia Bannwarth + Adrian Lück
Transmission
Audio Installation, Environment
2021

Philipp Zöhrer
Counter Culture
mixed media
2021

Annika Stoll
prelude: dressing up on a sunday afternoon
Installation: Video, Mesh-Banner, verschiedene Materialien
2021

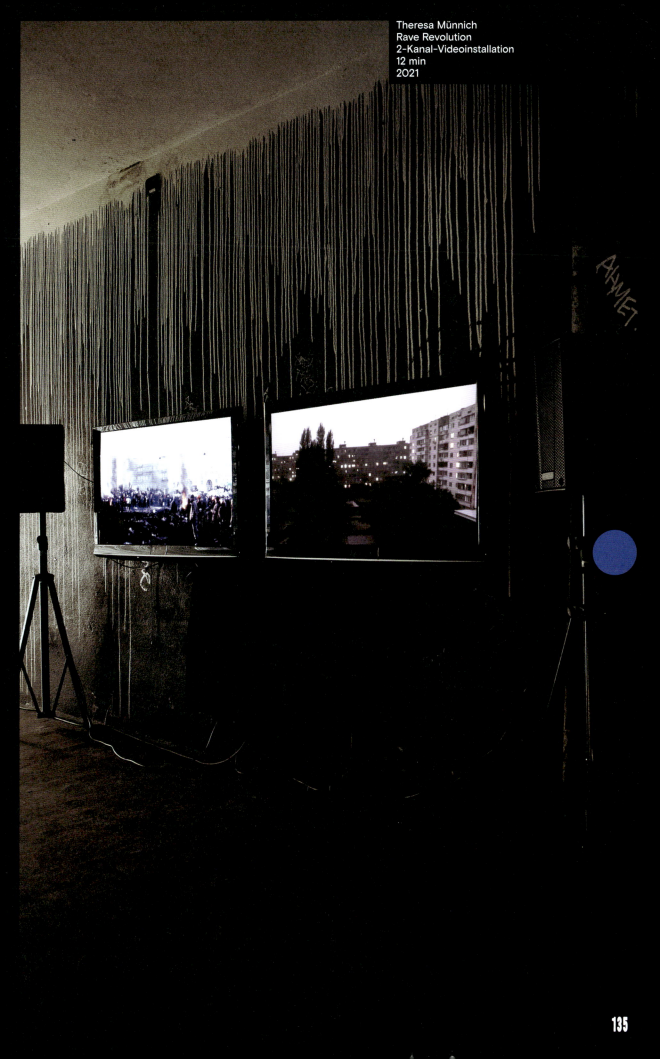

Theresa Münnich
Rave Revolution
2-Kanal-Videoinstallation
12 min
2021

Anaïs Goupy
Is What You See What You Desire?
Responsive Videoinstallation, Glas,
3D-Animation
2021

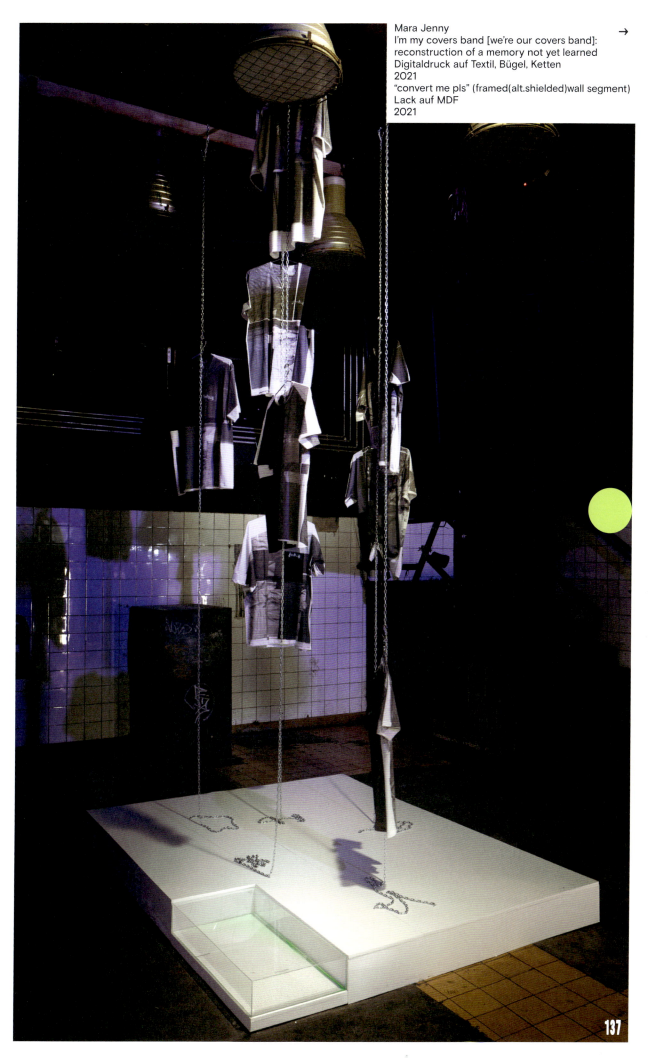

Mara Jenny
I'm my covers band [we're our covers band]:
reconstruction of a memory not yet learned
Digitaldruck auf Textil, Bügel, Ketten
2021
"convert me pls" (framed(alt.shielded)wall segment)
Lack auf MDF
2021

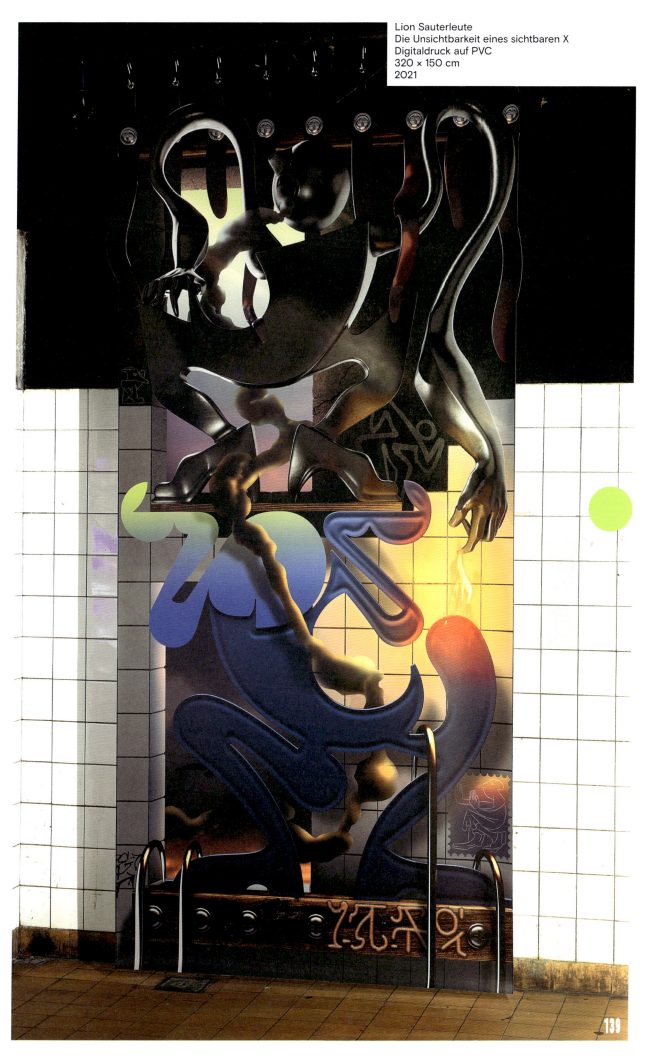

Lion Sauterleute
Die Unsichtbarkeit eines sichtbaren X
Digitaldruck auf PVC
320 × 150 cm
2021

Murat Önen
Chiquita
Öl auf Leinwand
91 × 81 cm
2019

Tobia König
Sole
Öl auf Leinwand
80 × 100 cm
2018

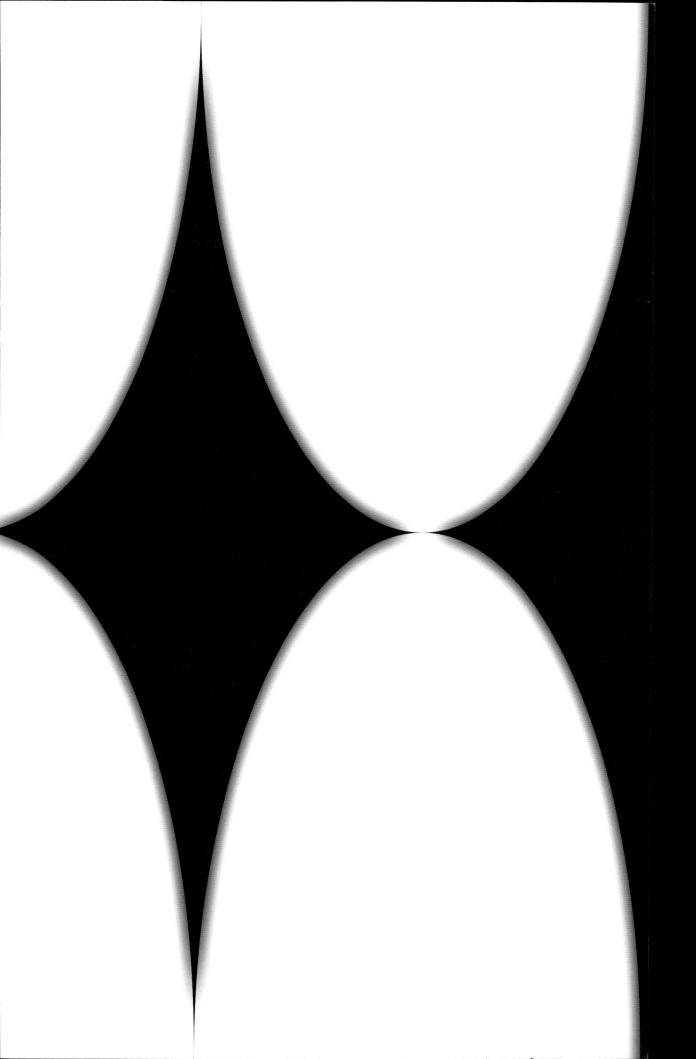

TECHNO-CLUBS ALS MUSEEN DER ZUKUNFT?
– Von der Emanzipation der Ausstellung zum autonomen Werk

Janika Jähnisch →

„Systemunrelevant" lautete das vernichtende Schicksal, das Ausstellungsstätten und Clubs durch die Corona-Maßnahmen 2020 traf. Was folgte, waren monatelange Schließungen. Doch während Museen unter strengen Verordnungen immer wieder ihre Türen öffnen durften, waren Clubräume seit März 2020 fast durchgängig geschlossen. Das führte dazu, dass die pandemiebedingt leerstehenden Tanzflächen eine Umnutzung durch die Kunst erfuhren. Reihenweise sprießten Ausstellungen aus dem Boden, die sich vorrangig mit dem Clubraum selbst auseinandersetzten, ihn als physischen, sozialen und politischen Ort weiterdachten und erfahrbar machten.

Jede Zeit hat ihre Art auszustellen – in der Ästhetik, der Hängung, der Architektur. Dass nun Kunst in den Räumlichkeiten eines Techno Clubs präsentiert wird, halte ich weniger für einen Zufall, als Teil der unabdingbaren Entwicklung des Ausstellungswesens. Die junge Kunstszene bewegt sich in Off Spaces – raus aus der etablierten, teilweise veraltet und als konservativ deklarierten Institution des Museums und weg vom scheinbar überholten Konzept des *White Cubes*. Doch jenen Ausstellungsorten, die heute für uns selbstverständlich zur Kulturlandschaft gehören, deren Präsentationsformen und implizite gesellschaftliche Konventionen längst Normalität für uns sind, liegt eine vielschichtige, wenn auch junge Evolutionsgeschichte zugrunde.

In ihrem 2021 erschienenen Essay *Das Kuratorische* beobachtet die Kunsthistorikerin Beatrice von Bismarck eine Schwerpunktverlagerung und Flexibilisierung im kulturellen Diskurs der kuratorischen Verhältnisse seit den 1960er Jahren. Ihr Konzept der *Kuratorialität* legt nahe, dass die Ausstellung zu einem eigenen kulturellen Produkt geworden ist, in dem Tätigkeit, Subjektposition und entstehendes Produkt dynamisch aufeinander bezogen zum Tragen kommen.[1]

> „Ein solches Verständnis dringt nachdrücklich darauf, dass zwischen den ausgestellten Werken und der Ausstellung als selbstständigem Zusammenhang eine Bedeutungsdifferenz mitgedacht werden muss, zeigt doch die Ausstellung immer *etwas*, nämlich die Exponate, aber eben auch *sich selbst*. Sie geht damit über das in ihr und durch sie Präsentierte hinaus und eröffnet zusätzliche eigene Kontexte, innerhalb derer sie sich verortet"

heißt es weiter.[2] Die Ausstellung als Gesamtkunstwerk – kein Mittel zum Zweck, sondern Ergebnis des kreativen Prozesses? Wie erlangte sie diese ihr heute zugeschriebene Autonomie? Welche Räume musste die Ausstellung erobern, damit gegenwärtig Shows in Off Spaces wie dem *Institut fuer Zukunft (IfZ)* verwirklicht werden?

---

1 Vgl. Bismark, Beatrice von: Das Kuratorische. Leipzig. 2021. S. 15, 27.
2 Bismarck 2021. S. 29.

Bereits 2018 zeigte die staatliche Kunsthalle Baden-Baden unter dem Titel *Ausstellen des Ausstellens – Von der Wunderkammer zur kuratorischen Situation* eine große Sonderausstellung zur Geschichte der Kunstausstellung.[3] Das Bewusstsein für die Historie und Relevanz dieser Thematik ist also nicht nur im Fachdiskurs angekommen. In diesem Essay möchte auch ich einen kurzen Blick auf die Geschichte des Ausstellens werfen und dabei die Emanzipation ihres dienenden Charakters hin zum souveränen Werk nachzeichnen sowie anhand historischer Positionen eine aktuelle Perspektive für den Clubraum als kulturelle Einrichtung aufbauen. Die **DOSIS 1 + 2** dient mir hierbei als Referenzbeispiel. Dabei werden Fragen nach Formen, Typen und Inhalten von Ausstellungen, ihrer Wirtschaft und Politik laut: Was sind Ausstellungen und woher kommt ihr Konzept? In welchem Verhältnis stehen Werk, Raum und Betrachter*in? In welchen Kontext stellt die Architektur die Exponate und in welchem steht sie selbst?

Die „Urmutter"

Die Ausstellung als vermittelnder Ort für Kunstgegenstände, die unter bestimmten Gesichtspunkten in einen Schauzusammenhang gestellt werden, ist ein Kind der jüngeren Kunstgeschichte und erst ca. 250 Jahre alt. Zwar werden Kunstobjekte bereits seit der Antike präsentiert, doch war ihr Ausstellungscharakter dabei jedoch nicht immanent. Vielmehr verband Exponate bis dato vor allem das Sammeln, Ordnen und Gliedern nach einem optischen Verständnis.

Dabei diente dieser ästhetische Gesamteindruck einem speziellen Zweck und ausgewähltem Publikum für kultische Zusammenhänge wie Rituale und Prozessionen oder war für sakrale, architektonische Ensembles bestimmt.[4] Auch etablierte sich seit dem 14. Jahrhundert das Sammlungskonzept der Wunderkammer, das jedoch Kunstgegenstände und Naturalia mit subjektivem Wert vereinte und somit einen sinnlichen Zugang zur Welt eröffnete.[5]

Der entscheidende Impuls, Kunstwerke unter einer bestimmen Thematik zu vereinen und in einen Sinnzusammenhang zu stellen, ging maßgeblich von den Ausstellungen der Pariser *Académie Royale de Peinture et Sculpture* aus, die unter Ludwig XIV gegründet wurde. Die einstigen Jahresausstellungen elitärer Akademiemitglieder etablierten sich schnell zur höchsten Instanz für sämtliche Fragen der künstlerischen Gestaltung, Erziehung, Kunsttheorie und Kritik. Die Exposition zog 1699 in die *Grande Galerie* des Louvre um und später hausintern in den *Salon Carré* des Pariser Wahrzeichens, der fortan als Namensgeber des Ausstellungsformats fungierte.[6] Neben dem wegweisenden Display, war es vor allem der (lange Zeit) unentgeltliche Zugang für alle sozialen Schichten und die damit einhergehende öffentliche und gesellschaftliche Stärkung der Rolle von Kunst, die die historische Bedeutung des Salons ausmachte.

> „Die Ausstellung war damit nicht mehr länger ein Staatsakt für die höfische Gesellschaft; sie war [...] Teil einer kulturellen Leistungsschau, die sich der Allgemeinheit öffnete",[7]

so der Kunsthistoriker Ekkehard Mai. Damit erfuhr das Verhältnis von Produzent*in und Rezipient*in eine wechselseitige Beziehung. Die Öffentlichkeit avancierte im dichten Getümmel des Salons zur schärfsten Kritikerin. → A Ihre Urteile formten die Kunstausstellung zum „Schauplatz der Werteinschätzung", zur Bühne der gesellschaftlichen Selbstdarstellung und künstlerischen Selbstvermarktung, zum Forum des Austauschs und sozialem Begegnungsort, an dem Bildungsprozesse für eine immer breitere Schicht in Gang gesetzt wurden.[8]

Die imposante Ausstellungsinszenierung des Salons war keinesfalls willkürlich, sondern folgte in ihrer Symmetrie und Ordnung dem Anspruch einer gesamtkünstlerischen Präsentation mit strenger Hierarchisierung der Werke nach Genres. Nach dem ästhetischen Prinzip der Petersburgerhängung wurden die Werke gedrungen, bis knapp unter die Decke, in mindestens drei bis vier Reihen angeordnet. Prominent auf Augenhöhe befanden sich Werke der Historienmalerei, meist Abbildungen des Staatsoberhauptes, gerahmt von Porträt- und Genremalerei. Sakrale Motive wurden Orten mit guter Beleuchtung zugewiesen und die „weniger geschätzten" Gattungen – Landschaft und Stillleben – erfuhren eine Verbannung entlang der Treppe oder in die obersten Reihen.[9] Das Zeigen

3 Vgl. Ausstellen des Ausstellens. Von der Wunderkammer zur kuratorischen Situation, Staatliche Kunsthalle Baden-Baden, 03.03.2018 – 17.07.2018. Baden-Baden, 2018. https://kunsthalle-baden-baden.de/program/ausstellen-des-ausstellens-2/
4 Vgl. Mai, Ekkehard: Expositionen. Geschichte und Kritik des Ausstellungswesens. Berlin. 1986. S. 11, 12.
5 Vgl. Holten, Johan: Ausstellen des Ausstellens. Von der Wunderkammer zur kuratorischen Situation. In: Holten, Johan (Hrsg.): Ausstellen des Ausstellens. Von der Wunderkammer zur kuratorischen Situation. Staatliche Kunsthalle Baden-Baden, 03.03.2018 – 17.07.2018. Berlin, 2018.
6 Vgl. Stoelting, Christina: Inszenierung von Kunst : die Emanzipation der Ausstellung zum Kunstwerk. Weimar, 1998. S. 15, 16.
7 Mai 1986. S. 15.
8 Vgl. Mai 1986. S. 15, 16.
9 Vgl. Knels, Eva: Der Salon und die Pariser Kunstszene unter Napoleon I. Kunstpolitik, künstlerische Strategien, internationale Resonanzen. Hildesheim, 2019. S. 82 ff.
A Salon https://www.deutsche-digitale-bibliothek.de/item/VOZ5ZIE7FSTUNRHK7JEFO3O75RXPXVI4

zeitgenössischer Werke, die Regie durch einen von der Akademie gewählten *décorateur* – heute vergleichbar mit Kurator*innen – und der Verkauf eines sogenannten *livret* – heute vergleichbar mit Ausstellungskatalogen – am Eingang des Salons waren weitere neue Vermittlungsimpulse.[10]

Trotz harscher Kritik seitens der herrschenden Klasse, avancierte das öffentliche Ausstellungswesen zu einem Kommunikations- und Bewertungsorganismus zwischen Künstler*innen, Akademie, Staat und Öffentlichkeit, sodass es in Europa schnell wachsende Bedeutung erfuhr. In der Tradition des *Salons* wurden somit die ersten Museen ins Leben gerufen, die an eben jenes erzieherische Potenzial als Orte der Aufklärung und Bildung anknüpfen sollten.[11] Daher bezeichnet Mai den Pariser *Salon* als „Urmutter" des neuzeitlichen Ausstellungswesens.[12]

Weitere bedeutende Impulse fand das Ausstellen mit der Geburt der Weltausstellungen. Ihre Besonderheit lag weniger in der gezeigten Kunst, sondern primär in der Erweiterung um ein extraordinäres Rahmenprogramm und einer eigens errichteten Ausstellungsarchitektur, die Sensationslust hervorrufen und den Unterhaltungswert steigern sollte. Die erste Weltausstellung 1851 brachte unter dem Dach von Joseph Paxtons Kristallpalast in London Werke → B aus so vielen Teilen der Welt wie nie zuvor zusammen. Hinter der immens wachsenden Massenregie zwischen Produzent*innen und Konsument*innen, der Schauinszenierung und dem architektonischen Ausstattungsprogramm verschwand die Kunstausstellung somit als kleiner Teil einer riesigen touristischen Infrastruktur und wurde zum Vehikel der National- und Exportindustrie.[13] Mit dem Ende des 19. Jahrhunderts und dem Eintritt der Moderne sank schließlich der Einfluss der Akademieausstellungen. Der Streit um die Plätze und Auswahl der Werke im *Salon* brachte seinen Einfluss zum Schwinden und setzte den Prozess des Sezessionismus in Gang.[14]

Der „Ort der Ortlosigkeit"

Die Zeit des 19. und 20. Jahrhunderts ist gekennzeichnet von einer Inflation an Ausstellungen.[15] Die Kunstwerke wanderten aus einstigen Schlössern, Kirchen und Klöstern in neu kreierte Sammlungen und begannen, losgelöst von allen bisher geltenden örtlichen Bedingungen, eine immanente Autonomie zu entwickeln. Das Museum fungierte fortan als „Ersatz-Ort", wurde zum „Ort ihrer Ortlosigkeit", wie es Ullrich Look formuliert, an dem Werke konserviert, klassifiziert, wissenschaftlich bearbeitet, beleuchtet und ausgestellt wurden.[16] Die Moderne Kunst ist für das Museum bestimmt, „für sie ist das Museum der einzig mögliche, der richtige Ort",[17] heißt es weiter. Mit dem Umzug der Kunst in ihr eigens gewidmete Häuser folgten auch neue Produktions- und Rezeptionsbedingungen. Ziel war es nun,

B   Kristallpalast, Weltausstellung
https://de.wikipedia.org/wiki/Crystal_Palace_(Gebäude)#/media/Datei:Crystal_Palace_from_the_northeast_from_Dickinson's_Comprehensive_Pictures_of_the_Great_Exhibition_of_1851._1854.jpg

C   Kazimir Malevič –Schwarzes Quadrat:
https://de.wikipedia.org/wiki/Datei:0.10_Exhibition.jpg

D   Marcel Duchamp – Fountain:
https://de.wikipedia.org/wiki/Datei:Duchamp_Fountaine.jpg

mittels der Kunst das Verhältnis zur Welt neu zu durchleuchten – Kunst wollte nicht mehr bloß dekorativ sein, sondern sozialkritisch, in die Gesellschaft eingreifen und Lebenswirklichkeiten abbilden. So erlangten die Werke den Status eines Erkenntnisträgers und -vermittlers, der eine bestimmte Auffassung von Wirklichkeit in sinnlichgeistiger Form ausdrückte und eine unerlässliche Wechselseitigkeit zwischen Kunst und Rezipient*in erzeugte.[18] Durch diese neue werkimmanente Bedeutung von Öffentlichkeit „erwies sich das einzelne Kunstwerk als Vermittlungsebene des gedanklichen Überbaus als ungenügend; die Kunstausstellung – *die* Schnittstelle zum Publikum, *der* Ort der Rezeption – erlangte neue Bedeutung."[19]

Dieser Bedeutungswechsel lässt sich hervorragend an der *letzten futuristischen Ausstellung 0.10* visualisieren, die 1915 in Petrograd stattfand. Von der damaligen Presse fast unbeachtet erlangte die Ausstellung der *Futuristen, [* sic?!]* durch die gekonnte Inszenierung Kazimir Malevič' Werk „Schwarzes Quadrat auf weißem Grund" retrospektiv historischen Charakter. Das 79,5 mal 79,5 Zentimeter bemessene Gemälde → **C** beanspruchte die oberste östliche Ecke des Raumes für sich und damit die heiligste Stelle, die im orthodoxen Glauben ausschließlich Ikonen vorbehalten ist.[20] Durch diese starke szenische Platzierung im Raum bemächtigt der Künstler zum einen sich selbst und beansprucht für sein Werk die Spiritualität einer Madonna. Hier entsteht der Sinnzusammenhang nicht allein durch das Abbild, sondern ergibt sich aus der wechselseitigen Beziehung zwischen Werk und Rezipient*in. Spätestens mit Marcel Duchamps Readymade *Fountain* → **D** von 1917 – in der Forschung ist umstritten, ob es nicht der deutschen Künstlerin und engen Freundin Duchamps Elsa Freytag-Loringhovens zugeschrieben werden soll[21] – wird der immense theoretische Überbau und die zentrale Bedeutung des Ausstellungskontexts für die Kunst des 20. Jahrhunderts offensichtlich.[22] Erst durch die Platzierung des Werks auf einem Sockel in der großen Schau der *Society of Independent Artists* im New Yorker Grand Central Palace und der gegenüberstehenden Position der Betrachtenden, wird das Pissoir zum Kunstwerk.

Der Fokus auf den Ausstellungsraum als bestimmender Teil des Kunstwerks erzeugte einen Trendwechsel der Rahmenbedingungen, weg von der Fülle des Salons, hin zu einem schlichten Display mit einheitlicher Farbgebung, klaren Linien und Reihen.[23] So prägt das Bild des weißen Raumes mehr als jedes Gemälde das archetypische Bild der Kunst des 20. Jahrhunderts. Mit der Durchsetzung der Farbe Weiß wurde somit das ideologische Konzept des *White Cubes* geboren, das der Künstler Brian O'Doherty 1976 als „weiße Zelle" charakterisierte.[24] O'Doherty beschrieb dabei eine Ausstellungsästhetik, die die gezeigte Kunst erst hervorbringt und die Kraft besitzt, alles, was sich in ihr befindet, in Kunst zu verwandeln.[25]

10 Vgl. Mai 1986. S. 15.
11 Vgl. Mai 1986. S. 18, 19.
12 Vgl. Mai 1986. S. 13.
13 Vgl. Mai S. 31, 32.
14 Vgl. Stoelting 1998. S. 18, 19.
15 Vgl. Mai S. 33.
16 Vgl. Look, Ulrich: Orte der Kunst- Museum. In: In: Nida-Rümelin, Julian/ Steinbrenner, Jakob: Kunst und Philosophie. Kontextarchitektur. München, 2010. S. 92.
17 Look 2010. S. 92.
18 Vgl. Stoelting 1998. S. 24.
19 Vgl. Stoelting 1998. S. 9.
20 Vgl. Smolik, Noeami: Letzte futuristische Ausstellung 0,10, Petrograd 1915 – das Ende einer Entwicklung. In: Klüser, Bernd/ Hegewisch, Katharina: Die Kunst der Ausstellung. Eine Dokumentation dreißig exemplarischer Kunstausstellungen dieses Jahrhunderts. Frankfurt a.M./Leipzig, 1991. 64, 69.
21 Vgl. Voss, Julia: Hinter weißen Wänden. Berlin, 2015. S. 38.
22 Vgl. Stoelting 1998. S. 26.
23 Vgl. Stoelting S. 25.
24 O'Doherty, Brian: In der weißen Zelle. Berlin, 1996. S 9.

Die Abschirmung zur Außenwelt erzeugt dabei ein „geschlossenes Wertesystem", das den Raum von Zeitlichkeit befreit, ihn zu eben jenem „Ewigen Ort" verwandelt. Darum vergleicht der Künstler die Wirkmächtigkeit des *White Cubes* mit der einer mittelalterlichen Kirche, die strengen Gesetzlichkeiten folgt und bei Besucher*innen ähnliche Verhaltensänderungen hervorruft: Sie bewegen sich anders, sie sprechen anders, sie kleiden sich anders.

> „Hier erreicht die Moderne die endgültige Umwandlung der Alltagswahrnehmung zu einer Wahrnehmung rein formaler Werte."[26]

So lässt die heilige Aura des *White Cubes* selbst Standaschenbecher, Feuerlöscher oder, im Falle Duchamps, Pissoirs zu sakralen Gegenständen werden.

Der skulpturale Rahmen

> „Die Geschichte der Moderne ist mit diesem Raum [dem White Cube] aufs Engste verknüpft. [...] wir sind nun an dem Punkt angelangt, an dem wir nicht zuerst die Kunst betrachten, sondern den Raum"[27],

schreibt O'Doherty weiter. Dieser Raumbegriff erfuhr in den 80er Jahren in den Kultur- und Sozialwissenschaften einen tatsächlichen Paradigmenwechsel, der heute als *spatial turn* bezeichnet wird.[28] Das raumgeprägte Selbstverständnis der Postmoderne setzt sich über den zeitlichen Faktor hinweg und formt Raum zur zentralen Wahrnehmungseinheit. Dabei wird Raum nicht nur als materieller Zustand verstanden, sondern auch als soziale Konstruktion, ein Spannungsfeld zwischen Diskurs und gesellschaftlichen Produktionsprozessen, die sich, so die Soziologin Martina Löw, in der Bewegung charakterisiert.[29]

In der Kunst sehen wir räumliches Umdenken nicht nur im Konzept des *White Cubes* verkörpert. Der bis heute andauernde Boom im Museumsbau verdeutlicht die gesellschaftliche Rolle, die Ausstellungsstätten mittlerweile eingenommen haben. Diese versteht Löw als *Syntheseleistungen*, in der die einzelnen Prozesse des *spacing* verknüpft werden. Museen nehmen mehrere Ebenen des Raumes ein. Sie sind Bestandteil von Tourismus, verfolgen wirtschaftliche Interessen und erfüllen darüber hinaus aufgrund ihrer Kunstvermittlungsangebote, integrierten Bibliotheken und urbanen Stadtorte eine soziale Funktion. Diese präsente Rolle im sozialen Gefüge hat sie in der Postmoderne von daher zu bildhaften Objekten werden lassen, die von Stararchitekt*innen mit skulpturalen Architekturverständnis entworfen werden.[30] Man denke beispielsweise an den verwinkelten Neubau des Jüdischen Museums in Berlin von Daniel Liebeskind, das futuristische Museum Maxxi in Rom von

Zaha Hadid, der perfektionierte ovale *White Cube* des Guggenheim Museums in New York von Frank Lloyd Wright oder das organische Gebäude des Kunstmuseums Graz von Frank O. Gehry → E. Die Bauwerke spielen mit ihrem Kontext und Umfeld, nehmen Raum nicht nur ein, sondern hegen Hang zur Dominanz. So ist der eigens für Kunst erbaute Ausstellungsraum nicht mehr nur Ort der idealen Präsentationsmöglichkeiten, sondern zu einem in sich geschlossen Gesamtkunstwerk gewachsen.

Der Perspektivwechsel

Der imposante Kohlrabizirkus, mit seinen zwei mächtigen Kuppeln in dessen Kellerräumen das *IfZ* beheimatet ist, scheint sich durch seine raumeinnehmende architektonische Erscheinung im Leipziger Stadtbild in die Liste der zuvor genannten Ausstellungshäuser einzureihen. Wird das *IfZ* dadurch *der* neue Raum der Kunstpräsentation? Wieviel Eigenwert hat die gezeigte Kunst hier? Ist es eher der Kontext, der die Kunst zu einer Aussage zwingt? In wie weit wandelte sich die Rolle des Clubraums selbst?

Im Mai 2021 verabschiedete der Bundestag den Beschluss, dass Clubs fortan der Status des Kulturguts anerkannt wird, sofern sie einen entsprechenden Bezug nachweisen können.[31] Dass dem *IfZ* und anderen Clubs trotz immenser Bedrohung durch die sich ausdehnende Gentrifizierung und wachsenden politischen Konservatismus diese Rolle zugesprochen wird, ist ein wichtiges Zeichen. Sie gibt Betreibenden nicht nur mehr Standortsicherheit in Zeiten des fortschreitenden Clubsterbens, sondern legitimiert vor allem die Notwendigkeit der Clubkultur für eine pluralistische Gesellschaft. So sind die Grenzen zwischen Clubkultur und Hochkultur längst verschwommen – die Sphären definieren sich gegenseitig. Beiden kulturellen Einrichtungen liegt das Kuratieren als essenzielle Praxis zugrunde, beide haben ihre *gate keeper*, beide verstehen sich als weltoffen, funktionieren aber dennoch nach inkorporierten Regeln und Codes, sodass nur bestimmte Menschen Zutritt haben und die Orte wirklich als *safer spaces* wahrnehmen. Clubkultur wurde darüber hinaus oft genug in Ausstellungen renommierter Institutionen thematisiert; wie bspw. *Night Fever. Design und Clubkultur 1960 – heute* im Vitra Design Museum in der Nähe von Basel 2018[32], *No Photos on the dance floor!* im C/O Berlin 2019[33] oder *Studio 54: Night Magic* im Dortmunder U 2021[34], um nur einige zu nennen. Zudem gestalten Künstler*innen die Clubkultur aktiv mit – denken wir beispielsweise an die Tillmanns und Biskys an den Wänden des Berghains und den beliebten Türsteher, der gleichzeitig etablierter Kunstfotograf ist. Die Anerkennung von Clubs als Akteur*innen im kulturellen Feld ist also längst überfällig.

25 Vgl. Voss 2015. S. 17.
26 O'Dohrity 1996. S. 10.
27 O'Dorothy 1996. S. 8,9.
28 Vgl. Bachmann-Medici, Doris: Cultural Turns. Neuorientierungen in den Kulturwissenschaften. Stuttgart. 1989. S. 285.
29 Vgl. Löw, Martina: Raumsoziologie. Berlin, 2013. S. 63 ff.
30 Vgl. Maier-Solgk, Frank: „Globales Spiel oder site specific". Perspektiven der zeitgenössischen Museumsarchitektur. In: Nida-Rümelin, Julian/ Steinbrenner, Jakob: Kunst und Philosophie. Kontextarchitektur. München, 2010. S.11, 30.
31 Vgl. Deutscher Bundestag: Experten: Clubs sind Kultur- und nicht Vergnügungsstätten. https://www.bundestag.de/dokumente/textarchiv/2020/kw07-pa-bau-clubsterben-678530
32 Vgl. Night Fever. Design und Clubkultur 1960 – heute, Vitra Design Museum,17.03. – 09.09.2018, Weil am Rhein, 2018. https://www.design-museum.de/de/ausstellungen/detailseiten/night-fever-design-und-clubkultur-1960-heute.html
33 Vgl. NO PHOTOS ON THE DANCE FLOOR! Berlin 1989 – Today, C/O Berlin, 13.09. – 30.11.2019. Berlin, 2019. https://co-berlin.org/de/programm/ausstellungen/no-photos-dance-floor
34 Vgl. STUDIO 54: NIGHT MAGIC, Dortmunder U – Zentrum für Kunst und Kreativität. 20.06. – 17.10.2021. Dortmund, 2021. https://www.dortmunder-u.de/veranstaltung/studio-54-night-magic

Im Katalog zu *Ausstellen des Ausstellens* schreibt der Kurator Johan Holten:

> „Die Zukunft zeichnet sich üblicherweise dadurch aus, dass Prognosen darüber, wie sie aussehen wird, nicht zutreffen. Dennoch scheint klar zu sein, dass die Grenzen dessen, was man als Ausstellung bezeichnen kann – und deshalb auch die Analyse der Parameter und Funktionsweisen einer Ausstellung –, bei Weitem nicht mehr darauf reduziert werden können, ob die Wände weiß oder farbig zu streichen sind. Längst versuchen Künstler, vielfältige Situationen zu schaffen, in denen Eingriffe in bestehende Ordnungen einen kleinen (oder großen) Perspektivwechsel hervorrufen."[35]

Holtens Zitat trifft in vielerlei Belangen auf die **DOSIS** zu. Als rein temporäre Ausstellungsinstitution nutzt das *IfZ* die sich bietenden Leerstellen der pandemischen Lage. Dabei verwendet die Ausstellung bekannte kuratorische Parameter und reiht sich somit in das räumliche Denken postmoderner Ausstellungen ein. Die Besucher*innen werden durch einen Ausstellungsparcours geleitet, *one way*, ohne die Möglichkeit des Umkehrens, des erneuten Betrachtens. Dabei kommt die Ausstellung nahezu ohne externe kuratorische Maßnahmen aus, denn der Innenraum des Clubs ist so konzipiert, dass seine verwinkelte, labyrinthartige Kellerstruktur durch das Verschließen und Öffnen einiger Türen zur idealen Laufstrecke wird. Was von den Nächten des Clubbetriebs bleibt, ist die dunkle, für Ausstellungen eher ungewöhnliche Beleuchtung.

Durch die Verbindung von Ausstellungs- und Clubkonzept werden dem Display dennoch neue Impulse geschenkt. Beispielsweise herrschte während der Laufzeit beider Ausstellungen eine strenge *No-Photo-Policy*, die von der Clubpolitik übernommen wurde. In einem Interview, das ich vergangenes Jahr mit *IfZ* Bookerin Neele führen durfte, sagte sie:

> „Die Menschen sollen den Moment bewahren und auf Entdeckungsreise gehen. Das spielt auch bei der Ausstellung eine zentrale Rolle, wir haben an keinem Punkt das Bedürfnis gehabt, eine Art White Cube herzustellen, sondern wollten mit den Gegebenheiten arbeiten."

Das erinnert mich an das Beispiel der Weltausstellungen. Denn genau wie damals wird hier, wenn auch in deutlich kleinerer Form, die Ausstellung durch ihr Bauwerk und den Sensationscharakter geformt. Die Kunst tritt so stellenweise zurück – präsent bleibt das aufregende Gefühl, zurück in den Räumen der einstigen kollektiven Ekstase zu sein. So wird bei der **DOSIS** zum einen der absolute Raum an sich und somit der materielle Clubraum (wieder) zugängich gemacht. Zudem wird parallel der relativistische Raum, also der Körperraum des sozialen Umgangs zurückgewonnen.

Das *IfZ* als Ausstellungsraum ist wohl alles andere als ein *White Cube*, ich denke da sind wir uns einig. Den braucht es auch nicht. Die Verhandlung einer Problematik in ihrem Ort verleiht der Kunst andere Sinnzusammenhänge als im perfektionierten Museumsbau. Raum und Exponate gehen ineinander über, sodass man sich teilweise nicht sicher ist, ob ein Kunstwerk zum Inventar des Clubs gehört oder ob Inventar das Werk ist. Dieser Eindruck wird maßgeblich durch die fehlenden Beschriftungen bestimmt. Dezent platzierte Werknummern gehen im Display regelrecht unter und auch der im schummrigen Licht kaum lesbare Ausstellungsflyer ist keine große Hilfe. Darüber hinaus sind die Werke nicht chronologisch in Laufrichtung aufgelistet. Die Identifizierung gleicht von daher einem Rätsel. Schlussendlich sagt dir niemand, ob du richtig liegst. Da durch die sich bildende Symbiose zwischen Werk und Raum die einzelne Identifikation obsolet wird, kann sich die Ausstellung das auch erlauben. Hierbei wird deutlich, was uns das Zitat von Bismarck eingangs nahelegt: Zwar zeigt die **DOSIS** *etwas*, nämlich die ausgestellten Werke, doch zeigt sie in Anbetracht ihrer gewählten kuratorischen Mittel und dem dadurch erzeugten Gesamtkonzept von Werk, Betrachtenden und Kontext vor allem *sich selbst*.

Durch diese Verknüpfung verortet sich die Ausstellung einerseits im lückenhaften politischen Denken der Pandemie, die sie als „systemunrelevant" brandmarkte. Gleichzeitig legitimiert der Club seinen neugewonnenen Status als Einrichtung im kulturellen Feld. Wenn sich das *IfZ* temporär in einen Kunstraum verwandelt, sagt es eben nicht nur: „Wir können auch Kultur!", sondern steht symbolisch für den Einfluss der Clubkultur als Ganzes auf gesellschaftliche und politische Prozesse. Darüber hinaus waren Museen bis in die Postmoderne Repräsentationsort gesellschaftlicher Eliten. Diese Stätten der herrschenden Klasse mit scheinbar demokratischer Aura reproduzierten in ihrem Bildungssystem Klassenhierarchien und manifestierten ein weiß-männlich kulturelles Erbe. Auch hier kann der Clubraum als Gegenentwurf dienen und dazu beitragen, marginalisierte Positionen tiefer im öffentlichen Bewusstsein zu verankern. Man könnte fast sagen, der Clubraum hat durch die allgemeine Auffassung dessen, was Kultur ist, einen gesellschaftlichen Aufstieg erfahren. Auf der Suche nach geeigneten Tischen, an denen soziale Probleme und Zukunftsentwürfe entgegen der Mehrheitsgesellschaft formuliert und diskutiert werden können, wurde der Club als Ort des Zusammenkommens, zum Ort gesellschaftlicher Bildung. Dabei hat die **DOSIS 1 + 2**, wie es Holten sagen würde, einen kleinen (oder großen) *Perspektivwechsel* hergerufen.

---

35 Holten 2018. S. 27.

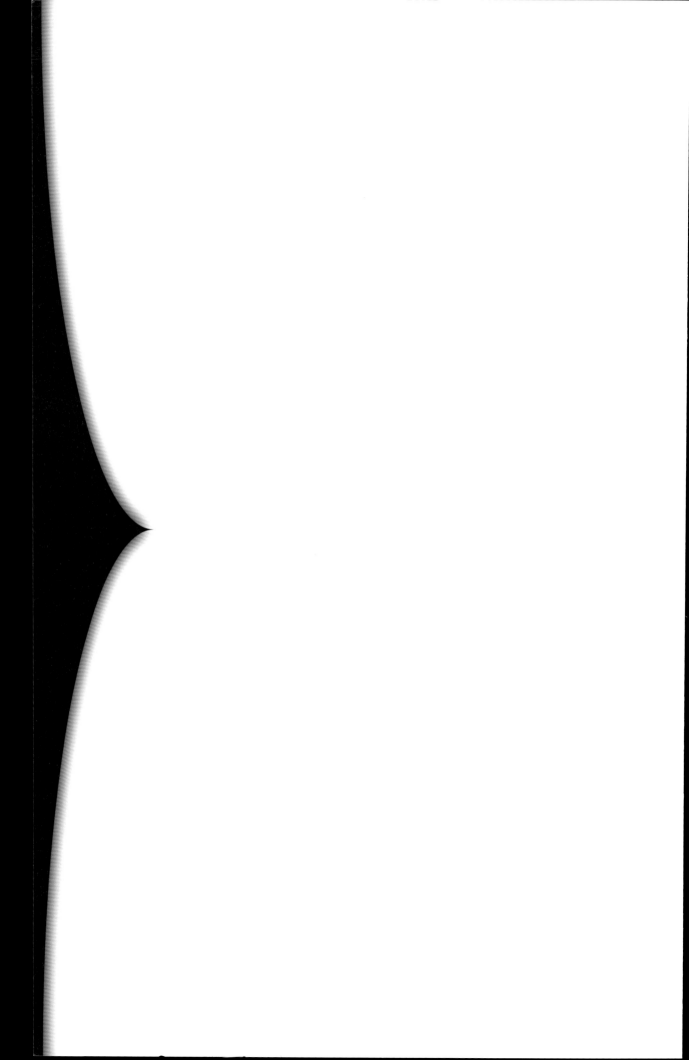

Coco Lobinger, Jakob A. Hörnig, Ris Pascoe
This is the Greatest Show
Digitaldruck auf Affichenpapier
362 × 258 cm
2021

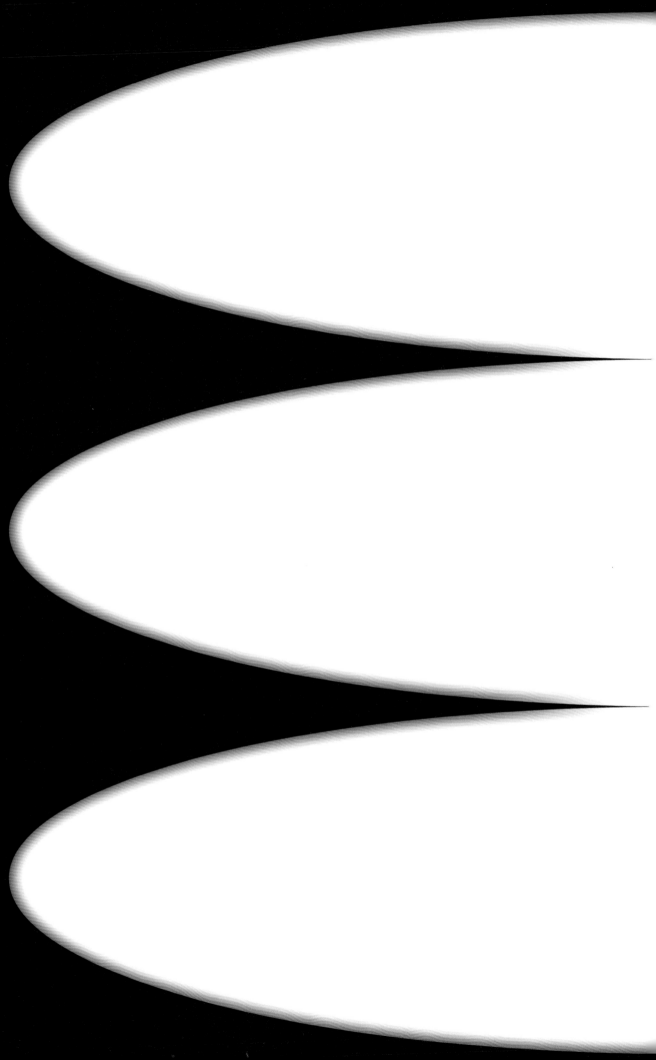

DOSIS 3
EXTENDED

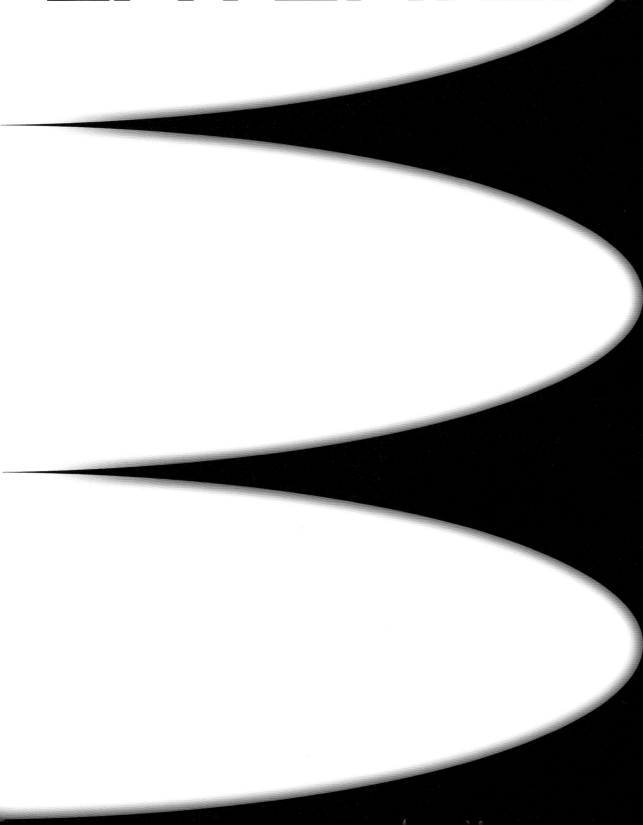

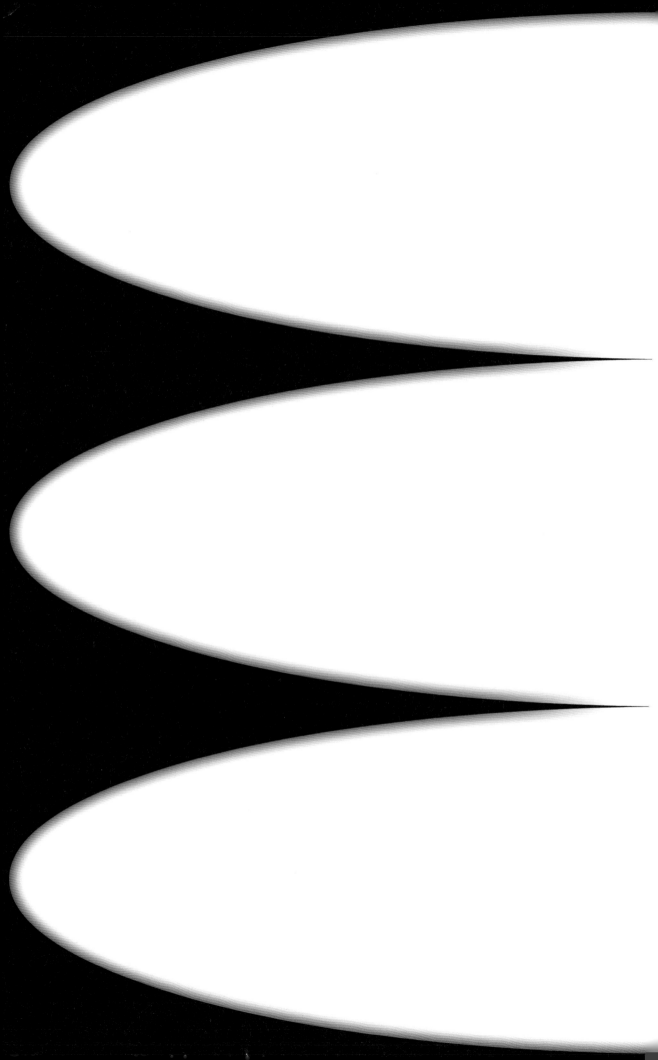

Thomas
Baldischwyler
→ S. 126–129

Dear Thomas

Something strange is happening in the social Yolobiont. Over-established avenues of familiar behavior are to be avoided. The new neurogenetic detour, by contrast, is brightly illuminated and more comfortable than any earlier detour ever was. Germany's copper wires glow underground, fired up by all the new diversions, requests, and orders. The old alacrity manifests itself in all its realism, withered and clattering over cobblestones as though on an excursion out into the periphery gone awry. Meanwhile, accelerationism, that forever novel picking up of speed, bears the full blossom of a too-warm spring following a very harsh winter, with *Fitbits*, thermos bags for the takeout food, and well-rehearsed clapbacks.

A brain overwhelmed by sensory impressions reacts by flooding diversions the way high water is diverted into dry riverbeds. Cognitive capitalism grades dry riverbeds and then floods them in order to harvest all the gunk that the waves wash up. Where new digital lines are laid, new processing formats spring up as well. I'll try from now on to avoid natural metaphors.

So which new things are we learning that we'd long forgotten?

In the looped fragment from the video "Russian Rave in Forest," a gathering of partiers dissolves into separate LED pixels. The colorful crowd radiates a gentle warmth that carries me one step backward. From my new vantage point, I recognize the entire video—it's familiar—but at twice or three times the speed. I can no longer focus on the briskly moving energetic bodies with their highly alert faces. I notice for the first time how calm and analytical the tracking shot is. Its emphasis is on content and context. After I'm briefly blinded, I see the guy with the bottles in isolation, thrashing into a white background. He looks lost and lonely to my eye in this O space, disconnected from himself and his friends.

Is he alright? At least he's got water, is he alone, where's he going?

And then it happens—he steps out of his collage, of your field of view, and back into his reality, the dancing continues, which is where, to me, the loop starts afresh. He's free once more and in his nature.

What am I learning anew here that I'd long forgotten?

The individual extracted from the magical feeling of a collective seems creepy and lost. The feeling is eminently capitalizable, and it's also exactly this moment that the abovementioned re-territorializing accelerationism leverages. I walk to the left, out of the noisy and dancing forest, and on the plateau encounter *"First acid and now this! Vogueing"* Daniel Craig as James Bond in a mirror—it's a German winter. 1989?—History is being made. It's about right-wing hatred and watches. This must have been little over a year ago. Creepy subjects, about lost individuals who would be a mark of "their" time.

"Neurogenetic detour" denotes the expansion of one's own system of references around an obstacle. I've looked at two of your pictures, the first two, the excursion goes on for another nine hours, things are looking bright and comfortable IN CC.

Open the door, get on the floor, everybody walk the dinosaur.

Yours, Goscha

5/61

Brief

Volker Schloendorff schreibt aus Paris: Während der Dreharbeiten zu Louis Malles „Zazie" erschien eines Tages Alain Resnais im Atelier. Einen Nachmittag lang sah er uns zu, da er vorhatte, einen ähnlichen Film zu drehen – ein Vorhaben, das er dann vorläufig aufschob. Ich war bei Malle Regieassistent und lernte Resnais an diesem Nachmittag kennen. Als ich ein paar Wochen später erfuhr, er bereite einen Film mit Außenaufnahmen in Deutschland vor, erneuerte ich die Bekanntschaft und wurde so sein Regieassistent.

Einer jener unternehmungslustigen Produzenten, deren es in Frankreich mehrere gibt, hatte Alain Resnais im Herbst 1959 mit Alain Robbe-Grillet, dem renommierten Autor und Exponenten des „roman nouveau" zusammengebracht. Daraufhin schrieb Robbe-Grillet „Letztes Jahr in Marienbad", ein Manuskript, das einem Drehbuch ähnlicher war als einem Roman, mit vielen Angaben zur Kameraarbeit, zur Montage und zum Spiel der Darsteller. Es sah lange Fahrten vor durch leere Schloßhallen, Treppen und Spiegelsäle mit einem plötzlichen Ausblick auf die geometrischen Muster eines Gartens à la française. Periodisch wie gewisse Bildstimmungen sollten drei Figuren in der Rokoko-Architektur auftreten: „A", eine Frau, „M", ihr Mann, und „X", der Liebhaber. X beschwört A in rhythmisch skandierten Sätzen, sich ihrer Liebe „letztes Jahr in Marienbad" zu erinnern. Ob X und A sich tatsächlich „letztes Jahr" geliebt haben, erfährt man nicht. A hört X lächelnd zu, bald entflieht sie verstört durch lange Schloßkorridore, die vom hohlen Gerede sichtbarer und unsichtbarer Hotelgäste wiederhallen. Die Kamera folgt ihr schwebend, bald sie einholend, bald sie verlassend, und im Vorbeifahren vor einer offenen Zimmertür entdeckt sie plötzlich A in den Armen ihres Liebhabers: es ist „letztes Jahr" – aber vielleicht ist auch das Einbildung. Vor einem Jahr hat vielleicht etwas stattgefunden, doch daran erinnert sich verläßlich niemand, es interessiert auch nicht mehr, geblieben sind im Gedächtnis nur gewisse Stimmungen.

Marjan Baniasadi
→ S. 86–87

"Carpets and rugs are regarded as a basic household commodity in Iran. They are not only considered as flooring material, but they determined the hospitality of the region and a deeper value to which it hints to a more mystical context.
Each individual carpet hidtes, narrates a story. Carpets live and suffer with their owners."

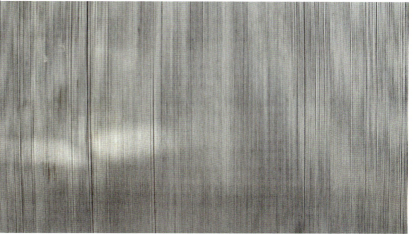

Katrin Becker
→ S. 74

Lennard Bernd Becker
→ S. 122

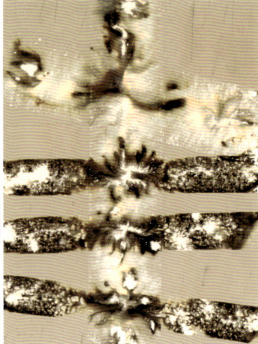

Dominika Bednarsky
→ S. 73

Andrej Vitaljewitsch Borkowski
→ S. 31

Wir rauchten Zigaretten, räumten den unerträglichen Kladderadatsch auf und suchten in unseren Köpfen nach einem Weg ihn endgültig loszuwerden. Einige hielten uns für nicht ganz dicht und mahnten den Unsinn zu unterlassen. Einige streckten den Finger aus, um zu zeigen, wie es besser geht: „Ordnung ist keine Haltung und schon lange keine Sauberkeit – Bedingung ist sie. Sie hat einen Ursprung, einen richtigen Ort, sie verbirgt sich im hintersten Winkel!" Einige rieben sich die Augen vom grellen Licht, der dem dunklen Flimmern wich. Einige sagten, dass ihnen alles so ziemlich egal sei. Wir rauchten Zigaretten, räumten den unsäglichen Kladderadatsch in unseren Köpfen auf und suchten nach einem Weg ihn endgültig loszuwerden.

Sebastian Burger
→ S. 69 + 90 – 91

clyo
→ S. 66

Svenja Deking
→ S. 76–79

Konstantin Dziwis
→ S. 34

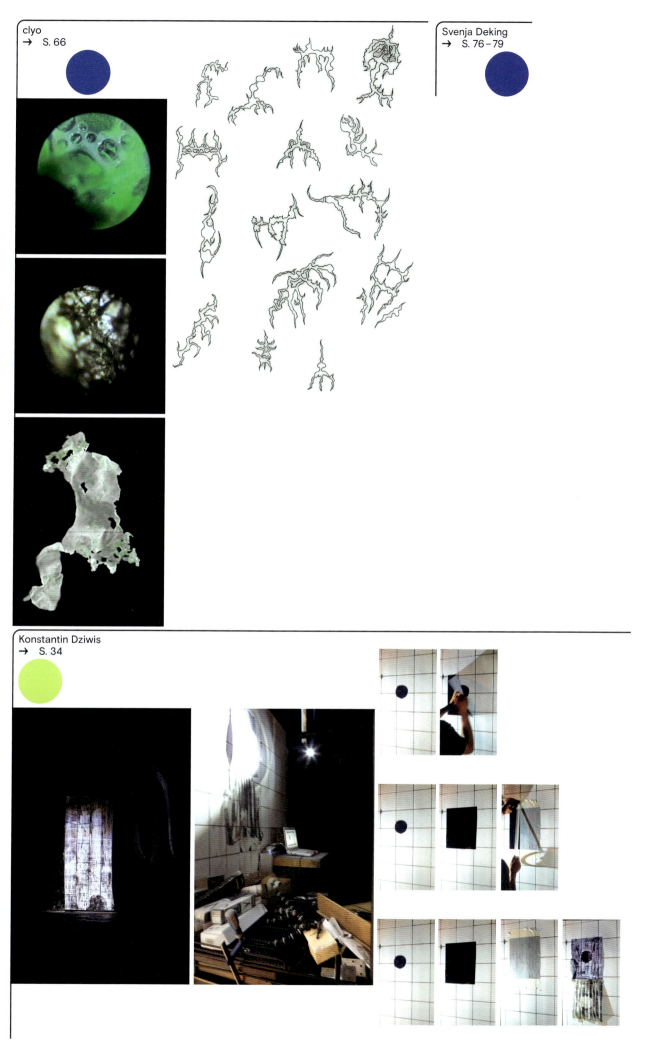

Paula Eggert +
Lukas Hartmann
→ S. 101

„[…] *Genau an dieser Stelle setzt die politische Architekturkritik der Gegenwart an. Sie kreist um Raumkonzepte, für die man schon keinen verbindlichen Namen mehr findet, daher überschlagen sich unterschiedliche Bezeichnungen. Die Rede ist von ‚Heterotopien' und ‚post-spacialem' Raum; von ‚gefaltetem' oder ‚flüssigem' Raum; von ‚Super-Space' und ‚Zwischenstadt'; von ‚Hyprid-Raum' und ‚Junkspace'. Letzterer Begriff bedeutet ‚Raummüll' – mit diesem Wortverdreher ist der ‚spacejunk' (‚Weltraummüll') auf die Erde zurückgefallen. ‚Junkspace' läuft auf das Fazit hinaus, dass die Menschheit nicht nur seit dem Beginn des 20. Jahrhunderts weltweit mehr Gebäude errichtet hat, als in den gesamten Jahrtausenden zuvor, sondern dass dieser gebaute Raum in seiner Masse auch nicht mehr intentional geplant ist - er addiert sich in andauernden Veränderungen gleichsam auf und wird nicht mehr entworfen, sondern kommt zustande.*"
Dietrich Erben, Architekturtheorie,
Verlag C.H.Beck, Seite 116 f

Sophie Fitze
→ S. 68

Create your love
Fullfill your desires
Desire!
Present in absence
Absence of bodies
Bodies of projections
We are projections
We are not able to see
To love
To feel

And then
Sexual desires
Unspoken obsessions
The unconscious lust
Surprising frightening tingling
Comes in the dark
In my dreams
Leaves me alone in the morning
With this feeling
With this longing for you

in love
in love with you
    for nothing
    for being rejected
    for feeling pain
in love with you
    for desire
    for lust
    for illusion
    for me but not
        with you
        you want me not
in love with you
    for feeling me
    for bleeding out
    for loosing you
        you want me not
    absence of bodies
        love and
        you
    absence of life
        to nothingness
        to senselessness of
            you and me

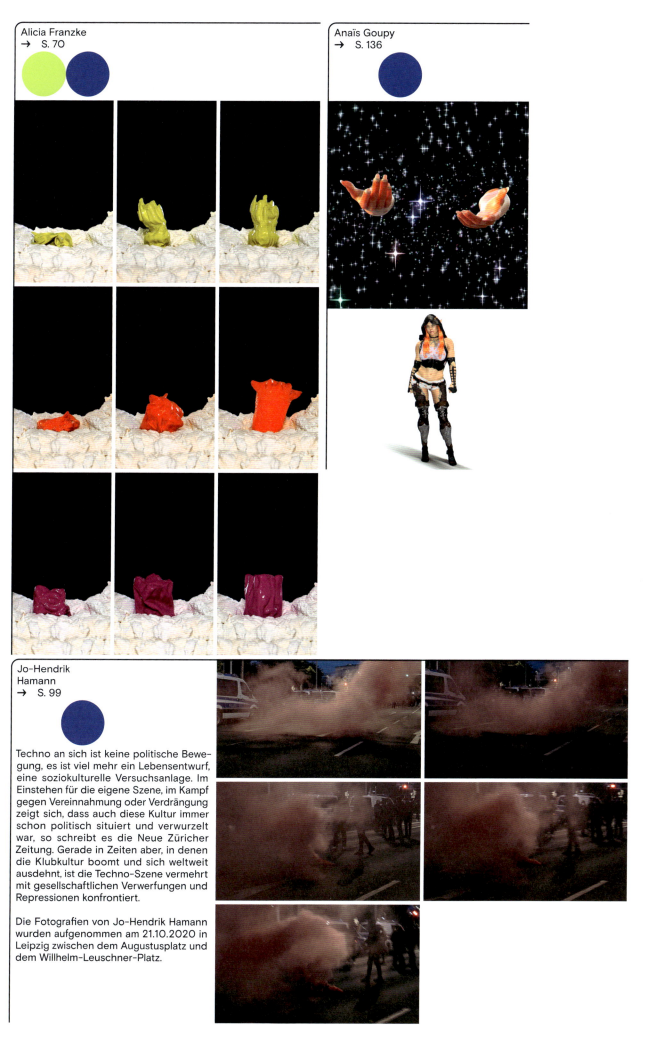

Alicia Franzke
→ S. 70

Anaïs Goupy
→ S. 136

Jo-Hendrik Hamann
→ S. 99

Techno an sich ist keine politische Bewegung, es ist viel mehr ein Lebensentwurf, eine soziokulturelle Versuchsanlage. Im Einstehen für die eigene Szene, im Kampf gegen Vereinnahmung oder Verdrängung zeigt sich, dass auch diese Kultur immer schon politisch situiert und verwurzelt war, so schreibt es die Neue Züricher Zeitung. Gerade in Zeiten aber, in denen die Klubkultur boomt und sich weltweit ausdehnt, ist die Techno-Szene vermehrt mit gesellschaftlichen Verwerfungen und Repressionen konfrontiert.

Die Fotografien von Jo-Hendrik Hamann wurden aufgenommen am 21.10.2020 in Leipzig zwischen dem Augustusplatz und dem Willhelm-Leuschner-Platz.

Fabian Hampel
→ S. 104–105

In „This Ghost Does Exist" beobachten wir eine sogenannte künstliche Intelligenz, konkret ein neuronales Netz im Prozess der Arbeit.

Jenes neuronale Netz wendet sich im Film in direkter Anrede an das Publikum und fordert dieses zu einem Gedankenexperiment heraus. Das Ziel dieses Gedankenexperimentes, im Film kollektive Halluzination genannt, ist es eine visuelle Erscheinung für die eigentlich nicht konkret sichtbare künstliche Intelligenz zu errechnen. Die Grundlage dieser Berechnungen ist ein Datensatz von Bildern welcher unter dem Stichwort „Figure" aus diversen digitalen Museumssammlungen der Welt kombiniert wurde.

Das Wort Figur hat seinen etymologischen Ursprung unter Anderem aus dem lateinischen fingere oder fictum, was bilden, formen, ersinnen bedeutet.

Eine Fiktion also, mit dem Interesse die Qualität der Ergebnisse des generativen adversiellen Netzwerks zu überprüfen. Dabei auch auf den Zwiespalt zwischen mystischer künstlicher Intelligenz und dem konträr gegenüber stehenden realweltlichen Implikationen algorithmischer Räume einzugehen.

Yannick Harter
→ S. 115

Stef Heidhues
→ S. 97

ILL
→ S. 98

Mara Jenny
→ S. 137–138

Max Johnson +
Noah Evenius
→ S. 75

Es ist der 24. Oktober 2021 um 20:42 Uhr. Bisher gibt es sechs Stützpfeiler. In diese Stützpfeiler sind folgende Sätze eingraviert:
I: Ich formuliere seine Ausdehnung, formuliere einen Platz.
II: Sein Puls choreografiert jeden Moment in das Jetzt.
III: Der Rückgriff auf ihn macht seine Dauer ungreifbar.
IV: Ich erinnere mich nicht an das Erinnern in ihm.
V: Wir vergewissern uns der Kontinuität, indem wir wiederholen was war,
VI: denn was einbricht verschwindet zu einem Raum ohne Sprache.

Die Stützpfeiler I-IV standen vom 14. Juli 2021 bis zum 27. September 2021 mit Pferdesalbe eingecremt im Institut fuer Zukunft, Leipzig. Die Stützpfeiler V, VI standen ebenfalls vom 14. Juli 2021 bis zum 1. August 2021 mit Pferdesalbe eingecremt im Bistro 21, Leipzig.

    Stützpfeiler I-IV stehen seit dem 27. September 2021 im Flur unseres Ateliers. Die Pferdesalbe ist eingetrocknet und hat ihren Geruch komplett verloren. Sie lehnen an der Wand, keiner der vier trägt mehr irgendetwas. Wir laufen fast täglich an ihnen vorbei.

    Stützpfeiler V, IV stehen seit dem 1. August 2021 bei Noah im Keller. Sie lehnen an der Wand, auch keiner dieser beiden trägt mehr irgendetwas.

    Es ist inzwischen 23:19 Uhr. Wir konnten keine Abbildung von einem Date Painting von einem 24. Oktober im Internet finden. In der Sammlung des MMK Frankfurt, haben wir allerdings ein Date Painting vom 25. Oktober 1982 gefunden.

    Im Anschluss haben wir einen Vortrag von Rénee Green über On Kawaras Date Painting vom 16. März 1993 geschaut, indem sie sagte:

"...and there is the date and our own relationship to it or our memory or lac of memory of it."

Ausstellungsansicht
„You are not the only one",
Bistro 21, Leipzig

Current Situation at
the Studios Corridor, Leipzig

Current Situation at
Noahs Basement, Leipzig

Sophia Kesting +
Dana Lorenz
→ S. 13-26,
35-38, 51

Anna Sophie
Knobloch
→ S. 120–121

Christian Kölbl
→ S. 92–94

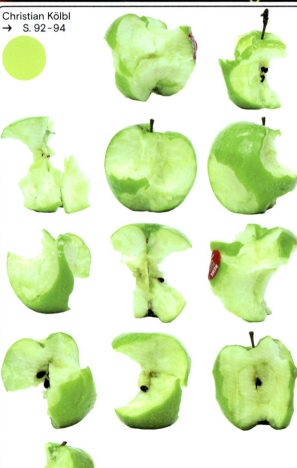

Your house is my house is your house is mine

Jetzt und Vergangenheit, Ruhe und Ekstase, Schneegestöber und fleischige Masse – die Erinnerung zeigt sich hier als ein verstörendes Gemisch von Geistesblitzen, wie ein Unwetter, das in den persönlichen Raum eines Ichs eingreift und vor dem es kein Entkommen gibt. Einzelne Schneeflocken strudeln vom Himmel herab, einzelne Gesichter schälen sich aus der Menschenmenge heraus, es stellt sich die Frage, welche Formen eine Bewegung annehmen kann: amorphisiert, zerstückelt zeigt sich die Menge sogleich. Wir sehen Tanz und Umarmung, aber wir hören keine Musik, spüren es nicht, und doch: es lässt uns nicht kalt, dieser Anblick.

    Mich erinnern diese Bilder an Tagesschau-Beiträge aus den frühen 1990ern über die ersten wirklich großen Loveparade, die ich, ein kleines Mädchen damals, mit langen Zöpfen und offenem Mund, vom Fußboden aus über den Fernseher meiner Eltern flimmern sah. Damals exakt das gleiche Gefühl einer Invasion, zwischen Faszination und Abgestoßensein, ein Clash der Welten. Im Dorf meiner Eltern gab und gibt es keine Menschenmengen, ich war fünf oder sechs, vielleicht sieben, und bin diesen Anblick nie mehr losgeworden. Diesen Eindruck, dass es sich bei diesen Bildern um Bilder einer politische Bewegung handelt, Massenaufläufe kannte ich sonst nur von Demos. Aber eine politische Bewegung wofür? Ich glaube, es muss da auf dem Fußboden vorm Fernseher gewesen sein, dass ich mir vornahm, mir das anzusehen, live, wie der Kommentator im Fernsehen sagte, live dabei zu sein, einmal nur auszuprobieren, wie es ist, dort verschwitzt, mit Sonnenblumen-Bikini mitzulaufen, einmal nur auch so unterzugehen in einer Menschenmasse, mich selbst aufzulösen vielleicht. Doch dazu ist es nie gekommen. Denn alles hat seine Zeit, und als meine Zeit reif war, waren andere Zeiten bereits dahingeschmolzen wie die letzten Schneeschlieren im Frühjahr.

    Ich verrate nichts Neues, klar: Die Anfänge der 1990er müssen eine besondere Zeit gewesen sein, in vielerlei Hinsicht. Aufbruchsstimmung, das Gefühl einer neuen Weltordnung, Nach-mir-die-Sintflut. Die Rave Culture war Teil dessen. Gelebte Freiheit, Fortschritt, something small that blossomed in the underground, Heimat und safe space für alle, die Teil von etwas größerem werden wollten. Eine neue Weltordnung ja, aber nach Regeln, die nicht von dieser Welt sein sollten. Zumindest nicht von der politischen Welt, wie wir sie kannten. Fortschritt durch Verbundenheit und Gefühl, freie Liebe für alle, freie Räume für jeden – nichts geringeres als eine gelebte Utopie.

    Ich glaube, genau das habe ich gespürt, damals auf dem Fußboden: diese Dringlichkeit. Und genau das spüre ich jetzt, wenn ich die Videosequenzen von „your house is my house is your house is mine" über die Leinwand flimmern sehe wie diffuse Traumbilder. Eisengestänge, Ösen, Kabelbinder, LKW-Plane – alles erinnert daran, dass es in den Anfängen ums Selbermachen, Erschaffen, Neubauen, Gestalten ging. Zwischen dem Mädchen damals und der Betrachterin heute liegen Jahrzehnte. Und dennoch, so wird mir jetzt klar, ist sie immer noch da, diese Sehnsucht, irgendwann einmal live dabei sein zu wollen. Und wie damals schon, wie fast immer eigentlich, weiß ich, in dem Moment, wo ich die Bilder sehe, den Gedanken denke, schon, dass es niemals der Fall sein wird. Es ist für immer zu spät. Ich frage mich, was das immer ist mit dieser Nostalgie, ob sie gefährlich weil verklärend ist, oder sich da sowas wie Hoffnung drin versteckt. Die Hoffnung, dass da noch etwas übrig ist, dass beim nächsten Mal, in einer anderen Zeit, einem anderen Moment, sich noch einmal so eine Bewegung entsteht. Dass es eine Wiederholung geben wird, irgendwann. Es gibt allerdings auch eine andere Möglichkeit: Ekstase sieht von außen immer anders aus, als man sie fühlt. Und so ist vielleicht genau dieser diffuse Blick von außen und zurück die einzige Utopie, die sich leben lässt.

Tobia König
→ S. 142

LAA: Leni Pohl +
Antonia Bannwarth +
Adrian Lück
→ S. 131

Die gesamte wunderschöne Umgebung eines ultimativen Lebens der Wertschätzung auf der höchsten Ebene der Reaktion

Ich hatte eine Sehnsucht nach
Ruhe und Entschiedenheit
Ich war von mir selbst überfordert
Ich schlitterte
in eine Multidimensionalität

Es ist nicht schlimm in das Fiktionale zu gleiten
Ich will
die lärmende Kakophonie. Die nächstgrößere Form nach der Stille.
Realitätsverdopplung

Kalaidoskopartig sich verändernd, drangen bunte, phantastische Gebilde auf mich ein.
In Kreisen und Spiralen, sich öffnend und wieder schließend.
In Farbfontänen versprühend. Sich neu ordnend und kreuzend, im ständigen Fluss.
Besonders merkwürdig war, wie sich alle akustischen Wahrnehmungen in optische Empfindungen verwandelten.
Jeder Laut erzeugte ein in Form und Farbe entsprechendes, lebendig wechselndes Bild.

Fluide Grenzen.

Festgesetzte Zeit - Aufschub - in Verzögerung geraten
Gelebte Zeit
Aktive Zeit
Keine Verzögerung
Over Time
Over Time
Over Time
Over Time

Tanz ist die Umsetzung von Inspiration (meist Musik und/oder Rhythmus) in Bewegung. Tanzen ist ein Ritual, ein Brauch, eine darstellende Kunstgattung, eine Therapieform, eine Form sozialer Interaktion oder schlicht ein Gefühlsausdruck.

In einen Schutzraum des Unsichtbaren, Unhörbaren zurückziehen, um darin vorerst unbeeinflusst und angstfrei zu wachsen

Sichtbarkeit/Unsichtbarkeit
Wann ist Sichtbarkeit wichtig und in welcher Dosierung, wann ist es wichtig, in der Unsichtbarkeit zu bleiben, geschützt, unausgesetzt

En delire
Absturz in die Psychotropen
Nexus von heute, morgen und davor, Kosmogonie der Erkenntnisse

Mutlose Daseinsbegrenzung durch das Trauma des entfesselten Remixes, das Echo eines Echos ist zu leise um noch zu wirken

Plosiver Anreiz des überformenden Reims (Überdichtung), entsetzte Ausrenkung /lenkung der Statik. Das Entzügelte/Entrückte, vertosender Schleier über das Gemächliche - entblößtes Dasein en delire. Im Taumel die Weite, l'heure des dieux.

Im Dickicht der vorauseilenden Leere, Momentaufnahmen des entkleideten Immer

Zikaden (unsere Triade) der Zirkulation
Exclamatio, erfasst in der Spirale (inconceivable end)
Erhellt sich das Wort aufs Neue, in jeder weiteren Umdrehung Berstet es im Kreise
Erstickt es ins Nichts

LAA: Leni Pohl +
Antonia Bannwarth +
Adrian Lück
→ S. 131

lean back   hop off   turn off   consume   flash back   prosume   pop

sit down
listen
relax
dissolve
disappear

Leibowitz „Marijuana", Variations non sérieuses Op. 54 (1960)
ei Lyapunov „Hashish" Symphonic Poem after Golenishchev-Kutusov Op. 53 (1913)
o Nikodijevic, K-hole/schwarzer horizont.Drone (2014)
ld Schönberg: Verklärte Nacht (Transfigured Night / La Nuit transfigurée), Op.4
9)
av Mahler: Das Lied von der Erde - 5. Der Trunkene im Frühling (1908)
or Berlioz - Leonard Bernstein - The New York Philharmonic Orchestra - Symphonie
astique (1968)
les Camille Saint-Saëns (1835-1921) Tournoiement - 'Songe d'opium' Op.26 No.6
dies persanes, 1870 Poèmes d'Armand Renaud (1836-1895) from Les nuits persanes
0)

resurface

another line to make you mine

oops I did it again

sit in

come down

calm down

JP Langer +
David Rank
→ S. 32-33

Salome Lübke
→ S. 84

White tiles were all around us

Where am I?

I am dreaming that we are in an empty indoor swimming pool.
It is dark and I am waiting.
& as I am waiting for something to happen my body vanish slowly.

White tiles are all around us.
& as I am standing here and my body vanish,
a bloody puddle looms ahead the wall of white tiles.
It should belong to a body but there is no one standing in front.

I am waiting for my crew to appear.
Holding still, don't move and everything feels so familiar.
& while I am holding still
I look to the bloody puddle hanging around upright at the white tiles wall
And wonder what it is standing for.

For what, little puddle, are you standing up?
There is no wound around you, no body injured, no weapon that hurts!

— *Heee hello hello my schatz what's nuuuuuup*

Hi :) —

While I am repeating the story to my lovers,
more and more details are popping up,
more and more threads are stretching into different chapters.

Back to the source — back to the ground.

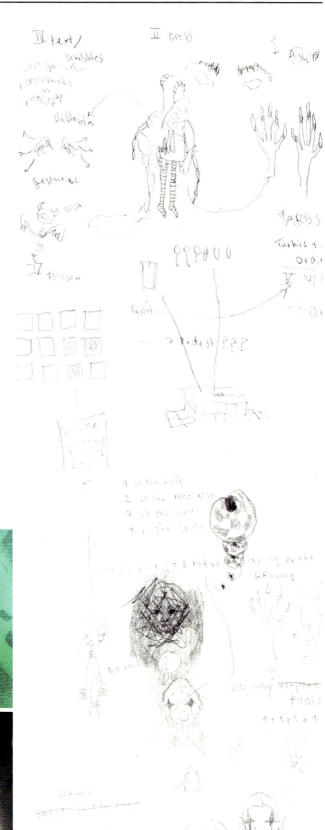

Barbara Lüdde
→ S. 124

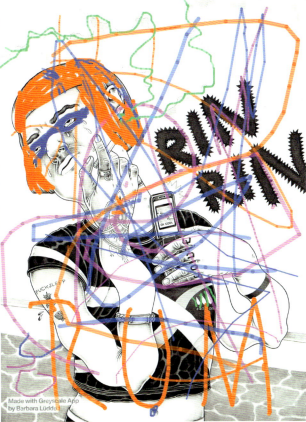

Welcome to GREYSCALE – an interactive exhibition!

Portraits of fictitious persons hover through this virtual room. Feel invited to leave your mark by choosing a color and paint on the drawings by using your touchscreen or tablet pencil. For navigation you have to click on the eye symbol again. Your actions inside this room remain visible for the following visitors – anonymous, of course.

As a user of this online experiment, you're requested to reflect yourself in this interactive space.

If you get lost in the room, no problem, just double-tap on your screen!

Show your own GREYSCALE by sharing screenshots of your visit on instagram and other social media. Please link @barbaraluedde and @msartville. Thanks!

Silent Mode off – Headphones are recommended.

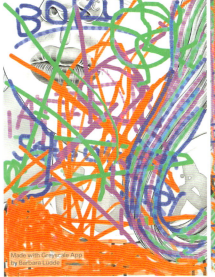

Ewa Meister +
Johanna Ralser
→ S. 116 – 119

A SIDE 00:00 A SIDE 04:45 A SIDE 00:00 A SIDE 0 04:45

THIS IS NOT A NIGHTCLUB

1 IN DIE LOUIS VUITTON TASCHE

In die Louis Vuitton Tasche, die dir dein
Ex-Freund geschenkt hat, scheißen.
Das dann auf Video aufnehmen.
Dann läuft das projiziert auf eine weiße Wand
und alle,
alle wissen, was damit gemeint ist.
Das ist Kunst.

In die Louis Vuitton Tasche scheißen, die
dir dein Ex-Freund geschenkt hat.
Das dann auf groß sehen,
langsam und auf groß sehen,
auf einer weißen Wand auf Video.
Das ist Kunst.

In die Louis Vuitton Tasche von deinem
Ex-Freund scheißen.

Ey, das macht man nicht im Nachtclub.
Macht man nicht.
Ne, im Nachtclub macht man das nicht.

Das ist kein Nightclub hier!
Wir sind in der Galerie, Mann.
Hier sieht man sich Videos an, wo eine
Künstler*in
in die Louis Vuitton Tasche von ihrem
Ex-Freund scheißt.
Ey, das kannste nicht machen.
Das ist kein Nightclub hier.
Ey, wie schaust du aus?
Kotzen musst du echt woanders.
Man, do you understand?
This is not a nightclub.
I wish.

I wish.

2 MIT ODER OHNE WORTE

Hier sind Männer.
Hier sind Männer.
Hier sind Männer nur in Begleitung erlaubt.
Konsens heißt fragen und auf die Antwort
warten,
fragen und auf die Antwort warten.
Nicht einmal, sondern die ganze Zeit.
Währenddessen. Verstehst du?
Niemals diesen Kontakt verlieren.

Verstehst du?
Niemals diesen Kontakt verlieren.

Das geht mit oder ohne Worte. Du musst
das nicht aussprechen, verstehst du?
Du brauchst ein Codewort oder ein Zeichen.
Falls es zu viel wird, dass es zu viel wird.
Damit ich das weiß.
Damit du das unter Kontrolle hast. Damit
es in deiner Hand liegt.

Und du brauchst ein zweites Wort
oder Zeichen.
Nicht für den roten Bereich, sondern für
den, der davor kommt, den orangen,
wenn es so an der Grenze zum
Ungeil-Werden wird,
damit ich ein bisschen wegnehme, runter
vom Gas, verstehst du,
den Kick ein bisschen drossle.

Sodass es richtig geil für dich ist.

Es soll dir genau passen.

Es soll dir genau passen.

Sodass es richtig geil für dich ist.

Verstehst du? Richtig geil.

Danach kann es sein, weil alles so intensiv war,
dass du dropst.
Du dropst.
Sag mir, was du brauchst.
Manche wollen gestreichelt werden,
gestreichelt werden,
manche gehalten.

Warum machen das Licht alle anderen
auch? Das frage ich mich immer wieder.
Weißt du, was Vanilla Sex ist?
Das, was die anderen machen.
Nicht BDSM.
Die haben Vanilla Sex und tun sich dabei weh,
gehen über ihre unausgesprochenen Grenzen
und keiner redet so wie wir.

Das finden die komisch.

Unromantisch.

1 INTO THE LOUIS VUITTON BAG

Shit in the Louis Vuitton bag your ex-boyfriend bought you.
Then record it on video.
Then project it on a white wall
and everyone,
everyone knows, what is meant by it.
That's art.

Shit in the Louis Vuitton bag your ex-boyfriend bought you.
Then watch it in large format,
watch it slow and in a large format,
on a white wall on video.
That's art.

Shit in your ex-boyfriend's Louis Vuitton bag.

Hey, you don't do that in a nightclub.
You don't.
No, you don't do that in a nightclub.

This is not a nightclub.
This is a gallery, man.
This is where you watch videos of an artist shit-
ting into her ex-boyfriend's Louis Vuitton bag.
Hey you can't do that.
This is not a nightclub.
Hey, how do you look like?
Hey seriously, you have to puke somewhere
else.
Man, do you understand?
This is not a nightclub.
I wish.

I wish

2 WITH OR WITHOUT WORDS

Here are men.
Here are men.
Here are men only allowed when accompanied.
Consent means asking and waiting for
the answer,
ask and wait for the answer.
Not once, but all the time. Along the way.
Do you understand?
Never lose that contact.

Do you understand?
Never lose that contact.

You can do that with or without words. You
don't have to say it, you understand?
You need a code word or a sign.
In case it becomes too much.
So that I know.
So that you can control it. So that it's in
your hands.

And you need a second word
or sign.
Not for the red area, but for the one,
that comes before it, the orange one,
when it's on the edge of becoming no good,

so that I take a little bit off, off the gas,
you know,
throttle the excitement.

So that it's really hot for you.

It should just feel so right for you.

It should just feel so right for you.

So that it's really hot for you.

You understand? Really hot.

Afterwards, because everything was so intense,
you might drop.
You drop.
Tell me what you need.
Some want to be stroked,
to be stroked,
some want to be held.

Why doesn't everyone else do the same?
That's what I keep asking myself.
Do you know what vanilla sex is?
It's the kind of thing that the others do.
Not BDSM.
They're having vanilla sex and are hurting
one another,
going beyond their unspoken boundaries.
and nobody talks like we do.

They think that's weird.

Unromantic.

THIS IS NOT A NIGHTCLUB
LYRICS AND VOICE BY *KRISTIN SCHUBER*
PRODUCER AND SOUND BY *GIULI GIANI*
IDEA AND CURATION BY *EWA MEISTER & JOHANNA RALSER*
DESIGN BY *EVA DUMOULIN*

B SIDE 00:00 B SIDE 04:33 B SIDE 00:00 B SIDE 04:33

3 *NULL*

Ich stehe alleine an der Bar und lege
meine Titten ab.
Niemand grapscht mich an.
Kein Idiot geht mich an.

Oben ohne tanzen im Club.
Oben ohne tanzen im Club.
Oben ohne tanzen im Club.
Notgeile Übergriffe: Null.

Sex Positiv Party
Notgeile Übergriffe: Null.

Null.

Null.

Null.

Ich lege meine verschwitzen Titten an
die Bar.

Dann lügen sie.

Blicke gehen hin und zurück.
Hin und zurück.
Hin und zurück.
Eine Hand fährt die Theke entlang,
bis sie bei meinen Titten angelangt ist.

Sex Positiv Party
Notgeile Übergriffe: Null.

4 *HARTES WEISS WARMES SCHWARZ*

In diese Galerie kommen Obdachlose
und Reiche.
Die sind edgy.

Ich will das unbedingt ansehen.
Was die gemacht hat.
Dafür ist die Gesellschaft noch nicht reif.
Stell dir vor.
Sie weigert sich darüber nachzudenken,
steht in der Broschüre.
So radikal bin ich nicht,
aber ich sympathisiere.
Ich schau mir das gerne an,
so wie Therapeut*innen sich alles anhören.
Die wollen das auch nicht selber
durchmachen.
Aber es ist gut, notwendig,
dass das gemacht wird.
Ein Statement.

Sehen Sie dieses Stück?
Wie es da still steht.
Da sehnt es mich hin.

Hartes Weiss,
warmes Schwarz.

Die haben sich echt was überlegt.
Das ist alles kein Zufall: Türpolitik, Clubat-
mosphäre – gegen anti alles, was Scheiße ist.
Keine Tourist*innen,
keine Polohemden,
keine Perlohrringe.
Eintritt frei.
Kein Handy im Club,
kein Vodka-Sponsor,
kein Konsumzwang,
keine Happy Hour.
Kein wer bist du, was machst du,
wie geht's.
Keine Spiegel am Klo.
Ich weiß den ganzen Abend nicht wie
ich aussehe.
Die Klotüren gehen nach außen auf.
Damit Menschen über 100 Kilo sich da
drinnen nicht verquerschen.
Mein Kumpel Aco hat ein Lied geschrieben.
Es heißt: Fart In The Disco.
Der Text geht so:
Everywhere you have to care, but you can
fart – fart in the disco.
Ich habe Beinhaare und eine Strumpfhose an.
Hier kann man auch in Ruhe in der Ecke sitzen.
Kein Tag.
Keine Zeit.

3 *ZERO*

I'm standing alone at the bar and put down
my tits.
No one is grabbing me.
No idiot is coming at me.

Dancing topless in the club.
Dancing topless in the club.
Dancing topless in the club.
Horny assaults: zero.

Sex Positiv Party
Horny assaults: zero.

Zero.

Zero.

Zero.

I put my sweaty tits on the bar.

Then they lie.

Looks go back and forth.
Back and forth.
Back and forth.
A hand slides along the counter
until it reaches my tits.

Sex Positiv Party
Horny assaults zero.

4 *HARD WHITE WARM BLACK*

Homeless people
and rich people come to this gallery
They are edgy.

I'm dying to see
what they did.
Society is not ready for this.
Imagine.
She refuses to think about it,
says the brochure.
I'm not that radical,
but I'm sympathizing.
I like to look at it,
like therapists listen to everything.
They don't want to go through that them-
selves either.
But it's good, necessary,
that this is being done.
A statement.

Do you see that piece?
How it stands still there.
That's where I long for.

Hard white,
warm black.

They've really thought of something.
This is no coincidence: door policy, club
atmosphere - is and everything that sucks.
No tourists,
no polo shirts,
no pearl earrings,
Free entry.
no mobiles in the club,
no vodka sponsors,
no compulsion to buy,
no happy hour.
No who are you, what are you doing, h
ow you doing.
No mirror on the toilet.
I don't know what I look like all evening.

The toilet doors open outwards.
So that people over 100 kilo
do not squash themselves.
My buddy Aco wrote a song.
Named: Fart In The Disco.
The lyrics go like this:
Everywhere you have to care, but you can fart
 – fart in the disco.
I have leg hair and tights on.
Here you can also sit in the corner in peace.
No day.
No time.

Larissa Mühlrath
→ S. 100

Lutz-Rainer Müller
→ S. 123

Theresa Münnich
→ S. 135

> It's like 1989 when Germany reunited and they started raves at the berlin underground.
> techno is the music for revolutions!!!
>
> *Moritz Weiherer*

> A revolution is when the current political situation starts to take a different turn, another direction. This revolution actually prompted good, nice changes.
> It also brought about the opposite. But it is still a revolution.
>
> *Mariia, 26 y.o.*

> Reminds me of Berlin in the early 90's.
>
> *RaptorEdiits*

> For me, the revolution was more of a turning point because at the time, I was 15 years old and I did not understand at all where the country I am living in was moving towards. And why everything around us is so strange, unusual… and I could not identify myself with it at all.
>
> *Nastya, 22 y.o.*

Vanessa A. Opoku
→ S. 64

Murat Önen
→ S. 130, 140–141

Önen's works explore and question the idea of masculinity from a non-white Queer perspective. In these paintings masculinity is portrayed in both its attractive and repulsive sides, including the idealisation of the body, the struggle and desire for emotive connections, and the eroticisation of touch.

He treats his figurative paintings as abstract ones, he works and reworks them, changing the orientation of the canvas, finding shapes in figures and vice versa. The narrative suggested by figuration is in fact present but not central. What Önen aims to convey with these emotionally charged pictures is closer to a feeling, a sensation that involves more senses than only the sight, that is as tactile as touch can be and that engages with the body as much as with the mind.
   Alina Vergnano + Mattia Lullini

Eliza Penth
→ S. 72

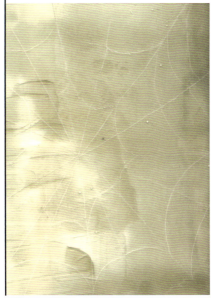

Sophie Constanze Polheim
→ S. 85

Sophie Constanze Polheim +
Tom Schremmer
→ S. 42–43

Daniel Rode
→ S. 103

Philipp Rumsch
→ S. 39

Saou TV + Agyena
→ S. 48–50

SaouTV + supaKC
→ S. 44–47

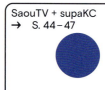

Die Klanginstallation „ovtr:d_cts" ist eine ortspezifische Arbeit, die für die Ausstellungsreihe **DOSIS 1 + 2**, welche im Institut fuer Zukunft stattfand, angefertigt wurde. Ausgangspunkt ist die künstlerische Auseinandersetzung mit den Themenfeldern Raum, Transformation und Kommunikation.

Die Nutzung von Räumen setzen diese in einen Kontext. Während das Areal – welches jetzt das IfZ beheimatet – früher als Großmarkthalle genutzt wurde, ist es (wie viele Kultur- und Kunststätten) in Pandemiezeiten beinahe zu einem lost place geworden. Durch die Nutzung als Ausstellungsraum fand eine erneute Re-kontextualisierung statt. Der Inhalt ändert den Kontext ändert die Rezeption ändert das Publikum (?/!). Ein Raum im Transformationsprozess.

Alle Klänge, die in „ovtr:d_cts" zu hören sind, entstammen ausschließlich dem IfZ. Es handelt sich sowohl um natürliche Raumgeräusche als auch Klänge, die in den Räumen mit den dort vorhandenen Gegenständen und Materialien erzeugt wurden. Zudem wurden die an **DOSIS** teilnehmenden Künstler*innen während ihres Arbeitsprozess begleitet und aufgenommen. Die weitere Transformation des Raums und seiner Nutzung in Klang bildet die DNA für eigens erstellte virtuelle Instrumente, die die Grundlage dieser Komposition sind. Die Klanginstallation wurde schlussendlich an dem Ort für die Besucher*innen erfahrbar, aus dem die Klänge kamen – der Raum wurde akustisch in sich selbst zurückgeworfen. Neben der linearen Transformation spielt somit auch die zirkulare Bewegung / Rückkopplung eine wesentliche Rolle in dieser Arbeit.

Die Klanginstallation wurde an den Beginn der Ausstellung gestellt, da sie eine akustische Vorstellung der zu erlebenden Arbeiten, d. h. eine Art Intro für die **DOSIS** ist. Der Titel setzt sich aus einem Schriftbild-Experiment mit den der Arbeit zugrunde liegenden Elemente und seiner Funktion zusammen: Ouvertüre:Dosis_CommunicationTransformationSound.

Lion Sauterleute
→ S. 139

Stephan Schieritz
→ S. 71

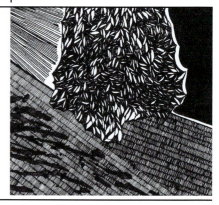

Juli Schmidt
→ S. 80–81

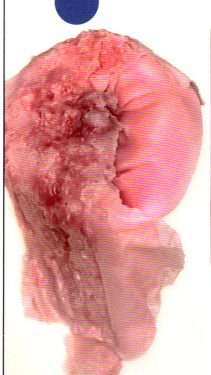

Das Wachs bewegt sich im Rhythmus meines Atems auf der Oberfläche des Wassers. Schon die kleinste Bewegung versetzt es in Schwingung. Meine Mutter saß früher oft neben mir, wenn ich gebadet habe. Auf der Klobrille neben der Badewanne und wir haben erzählt. Vielleicht schreibt sie auch etwas, ich weiß es nicht. Das warme Wachs umschlingt meine Hände. Füllt die Zwischenräume meiner Finger, bis kein Raum mehr übrig ist, und ich erinnere mich an einen Traum, den ich als Kind hatte. Oder ist es eine Erinnerung, die weit zurück bis in die Gebärmutter geht? Das Material vermischt sich. Vermischt sich mit dem Wasser. Als Kind wäre ich beinahe ertrunken. Nicht in der Badewanne, sondern im Meer vor unserer Haustür. Ich sehe die Luftblasen, inmitten derer ich hinunter sinke, und weiter oben die verzerrte Wasseroberfläche. Und dann zwei Arme, die mich packen. Daran habe ich lange nicht gedacht. Das Wasser in meinen Augen nimmt mir die Sicht.

Valeria Schneider
→ S. 65

David Schnell
→ S. 40 – 41

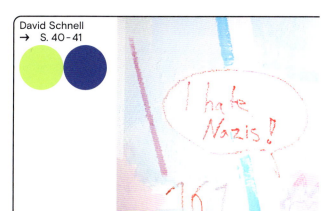

Lisa Schumann +
Johanna Stolze
→ S. 88 – 89

SOLLBRUCH

Dein Empfang bringt den Schleier
wie der glasige film vor meiner Netzhaut

Wenn du mein Spiegelbild bist
Du als ich ein Gebaren deiner Erzählung

Gläsern undurchsichtig

Verwischen die Grenzen

Woher kommt die meine Projektion an dich

Verschwommen wie die Erinnerung

Um 650 vor Christus stand in Tontafel gemeißelt
60 Teile Sand, 180 Teile Asche aus Meerespflanzen, 5 Teile Kreide - und du erhältst Glas

Verschwommen wie die Erinnerung

Amorph bedeutet ohne Gestalt
Du hast eine Gestalt
Wie ein Abdruck hinter meinen Lidern und vor meiner Gebärde
Liegst verschlungen in meinem Bett

Welch Halt wage ich mir von dir zu erhoffen

Denn da gab uns jemand einen Ausdruck und verrotte ihn im Raum
So wie die Bleiglasfenster sakraler Kathedralen

Aber die Spuren der Archive werden porös
Umspült und abgetragen

Verschwommen wie die Erinnerung

Dabei will man sie halten
Und wir schmelzen die Fenster
Gießen sie, wie das Wasserglas am Leck des Kernkraftwerks Fukushima 1

Denn durch deine Lider seh ich mich verschwommen daliegen
Wirkt fast wie ein Objekt
Dabei wäre ich gern so gläsern wie Eis

Wie wenn ich meine Augen unter Wasser öffne

Würde etwas hier ablegen, bis es schmilzt und wieder tragen auf meiner Haut, vor meiner
Bewegung, wenn nicht du es mir verschwommen bis ins Fleisch reichst.

Geschlechtslos werden? Fragst du mich
Ja wie ein Flechtwerk, gegen die Nostalgie und fluider als Kristall

Wie die Grundstruktur die das Glas bestimmt
Wird durchbrochen und auch im Ausdruck verwischt

Wie wenn ich meine Augen unter Wasser öffne

Und dazwischen über den anthropogenen Boden finde ich eine Sprache

Nathalie Valeska Schüler
→ S. 55–56

„Wenn wir das Verbot befolgen, wenn wir ihm unterworfen sind, haben wir kein Bewusstsein mehr davon. Aber im Augenblick des Überschreitens empfinden wir Angst, ohne die es das Verbot nicht gäbe: das ist die Erfahrung der Sünde. Die Erfahrung führt zur vollendeten Überschreitung, zur geglückten Überschreitung, die das Verbot aufrechterhält, um es zu genießen. Die innere Erfahrung der Erotik verlangt von dem, der sie macht, eine nicht weniger große Sensibilität für die Angst, die das Verbot begründet, wie für das Verlangen, das zu seiner Übertretung führt. Es ist die religiöse Sensibilität, die stets das Verlangen und den Schrecken, die intensive Lust und die Angst miteinander verbindet."

Georges Bataille: Die Erotik. München 1994, 40f.

Anica Seidel
→ S. 62–63

Jana Slaby
→ S. 82–83

Die Mücke
40 × 30 cm,
Glas, Scoby,
Insekten,
Stahlnägel
2019
Die Zunge
50 × 40 cm,
Glas, Scoby
2019

Anna Steinherz
→ S. 102

"Sculpture Untitled is resembling an oversized syringe, which is overgrown with island moss. It's triggering associations with the so-called topiary, i.e. plants clipped by man to develop and maintain clearly defined shapes, which decorate many home gardens. Moss is also widely used in the interiors of buildings belonging to large companies and corporations as a "tool" to combat air pollution. It is therefore another example of the artist's irony, criticism and ridicule of a kind of schizophrenia that characterizes our contemporaries. The term 'eco-anxiety' plays an important role in Raczyńska's approach. This phenomenon was described for the first time in 2011, and since then it has greatly spread, causing stress and depression in many people due to our increasing awareness of climate change. Raczyńska, somewhat ironically, translates traditional references to nature into the language of contemporary fears. She moves beyond the well-established sphere of nostalgia in culture and art, in which nature is but a pretext for experimenting with form and composition…"
  Michal Bieniek

Annika Stoll
→ S. 134

In march 1992 my parents met with some of their friends to reenact the music video "I Want To Break Free" by Queen. They knew each other through work at a local carpentry shop installing windows and doors. The video was supposed to be a birthday present for one of the friends. My father took on the role of Freddie Mercury.

The original video caused a media scandal in the USA in 1984. At that time it was considered unacceptable, that the band members in the video performed dressed as women. It was not until 1991 that the music video was broadcasted in the USA on VH-1.

One section of the original music video was performed together with the Royal Ballett, London. It references the ballet piece "L'Aprés-midi d'un faune", which was premiered by the Ballets Russes in Paris in 1912. The ballet piece caused similar controvers due to movement sequences that broke with tradition and a masturbation scene.

The sequence, however, was not included in the video by my parents and their friends. I wonder why exactly they didn't implement that part. Maybe they didn't have time anymore. Or maybe they weren't particularly interested in the ballet sequence. I'll definitely have to ask my father about that.

Brenda
Magdalena
Wald
→ S. 57

Florian Wendler
→ S. 67

Karl Weiss (Hrsg.): Technik der Steingewinnung und Steinverarbeitung. Union, Berlin 1915.

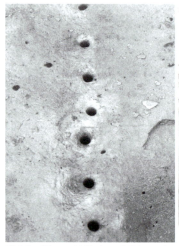

Christian Singewald (Verfasser): Naturwerkstein: Exploration und Gewinnung; Untersuchung, Bewertung, Verfahren, Kosten. Mayen, Köln 1992.

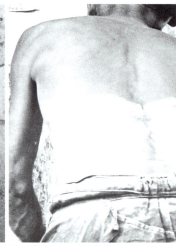

Alfred Weidinger (Hrsg.): Wir wollen Zeichen setzen. 50 Jahre Bildhauersymposion St. Margarethen. Bibliothek der Provinz, Weitra 2009.

Philipp Zöhrer
→ S. 132–133

076**KRU
→ S. 125

https://de.wikipedia.org/wiki/Datei:Edouard_Manet,_A_Bar_at_the_Folies-Berg%C3%A8re.jpg

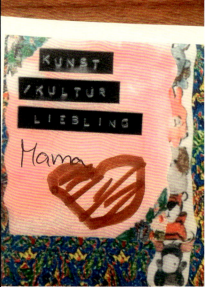

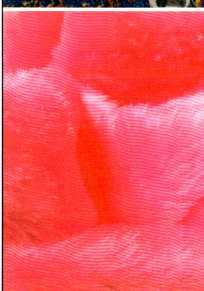

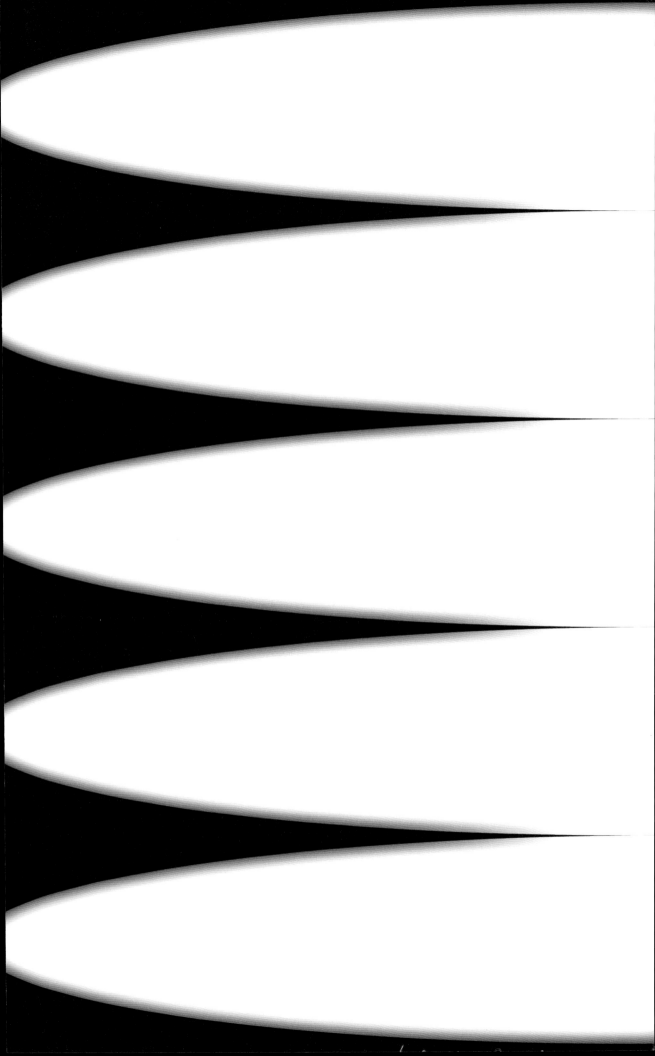

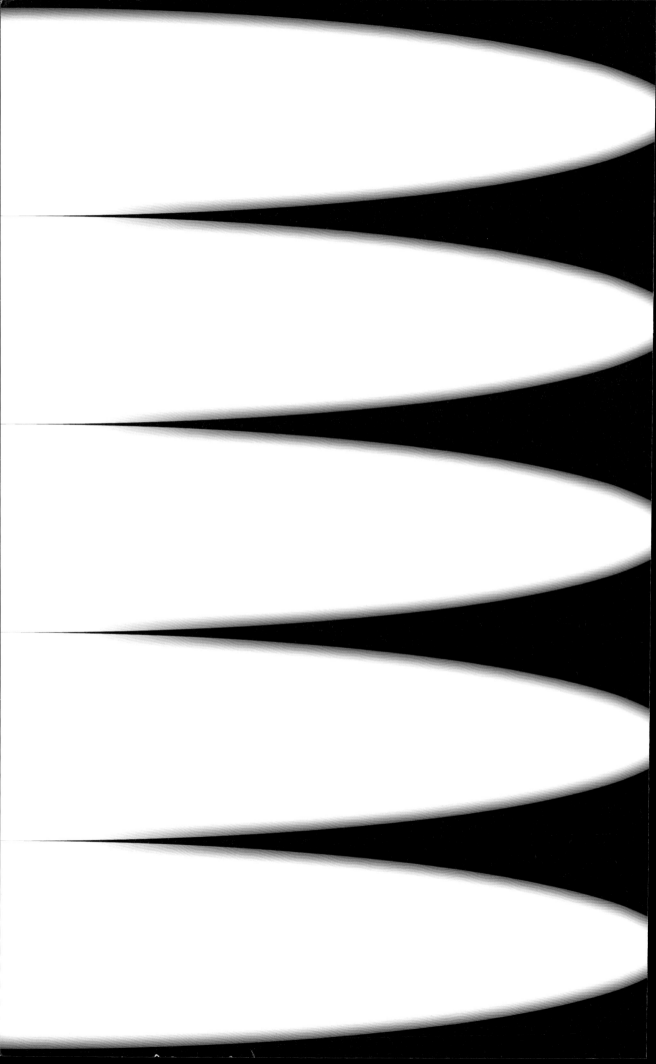

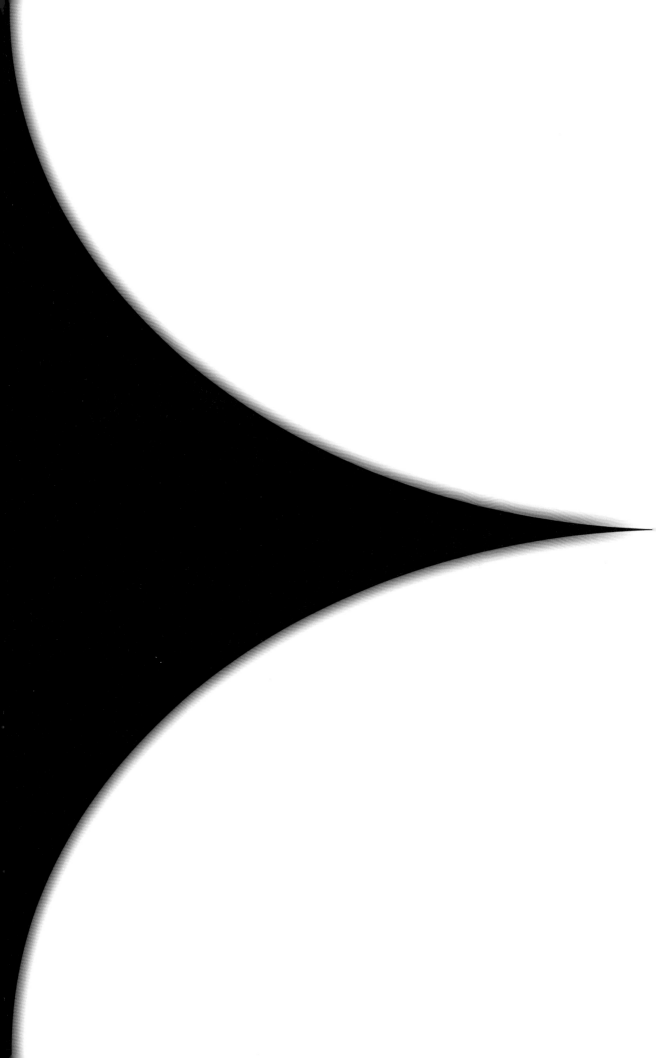

IMPRESSUM

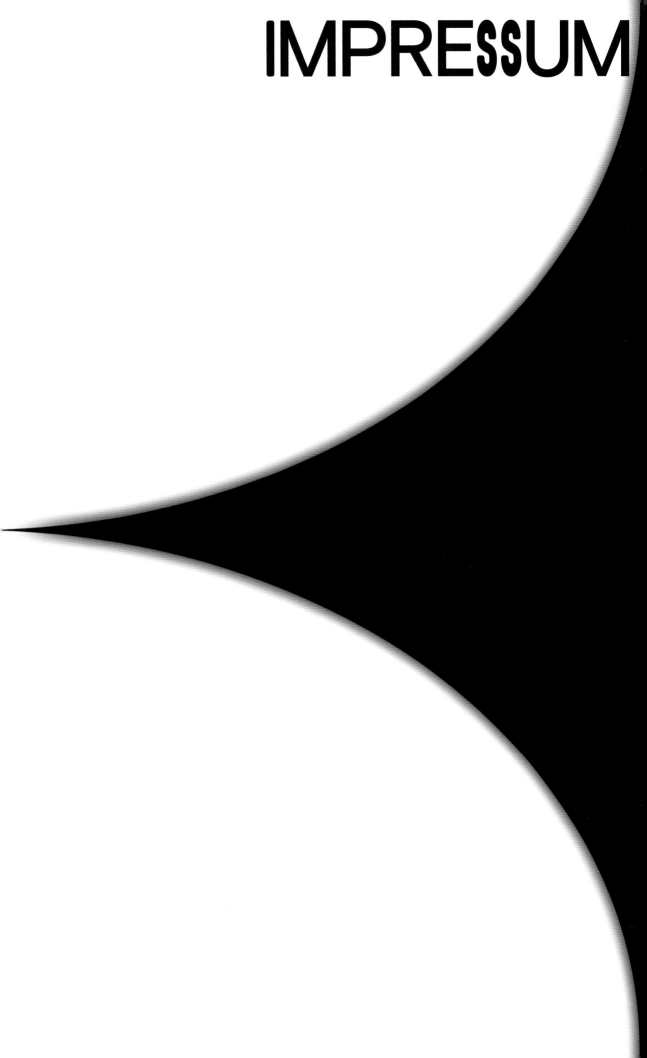

DOSIS 3

Herausgeber:	Institut fuer Zukunft
Projektleitung:	Sophie Esders, Stephen Stahn
Konzeption:	Sophie Esders, Jenny Schreiter, Stephen Stahn
Redaktion:	Sophie Esders, Stephen Stahn
Lektorat:	Paul Biesold
Gestaltung:	Jenny Schreiter
Bildbearbeitung:	Falk Messerschmidt
Druck:	Gutenberg Beuys Feindruckerei, Langenhagen

Erschienen im Verlag

Spector Books
Harkortstraße 10
04107 Leipzig
www.spectorbooks.com

Vertrieb: Deutschland, Österreich: GVA, Gemeinsame Verlagsauslieferung Göttingen GmbH & Co. KG, www.gva-verlage.de
Schweiz: AVA Verlagsauslieferung AG, www.ava.ch

© 2022, Spector Books, Leipzig;
Institut fuer Zukunft, Leipzig
© für die Abbildungen:
Felix Brenner und Alexander Meyer (Seiten: 31–44; 47–48; 51; 55–81; 84–94; 97–105; 115–127; 129–142; 161; 178; 183);
Sophia Kesting und Dana Lorenz, VG Bild-Kunst, Bonn 2022 (Seite: 15–28);
Jana Slaby (Seite: 82–83, 178)
sowie die jeweiligen Urheber*innen
© für die Texte: Autor*innen

1. Auflage: 2022
Printed in Germany

ISBN 978-3-95905-559-8

Dank

Neben allen teilnehmenden Künstler*innen und allen am Buch beteiligten Personen gilt unser Dank natürlich auch der IfZ-Crew.
Insbesondere und außerdem danken wir:

Adrian Mudder   AGYENA   allen Ausstellungsaufsichten   Amy   BL Brixton   Constantin Menze   CARBON DEHYDRATE   Coco Lobinger   Crazy Wolf zuckerfrei   DJ Mille   Felix Brenner   Georg Frischbuter   Hagen Tanneberger   Haku   Halalboy   Ilse Lafer   Jakob Anton Hörnig   Jasmin   Jonathan McNaughton   Joney   Leo Wedepohl   Mara   Martin Ruckert   Mirsch   MOMO   Moritz Kaiser   Neele   Nino   N-ICE Kollektiv   Paul Biesold   Paule Hammer und dem Atelierhaus Frühauf   Peter Cornicius   Ris Pascoe   Sado'Mazing and the Bondaged Four   Shamzy   Sekti   SINH TAI   Sithara   PP   Spector Books   Tobi   VALESKA   Wiebke Magister

Supported by

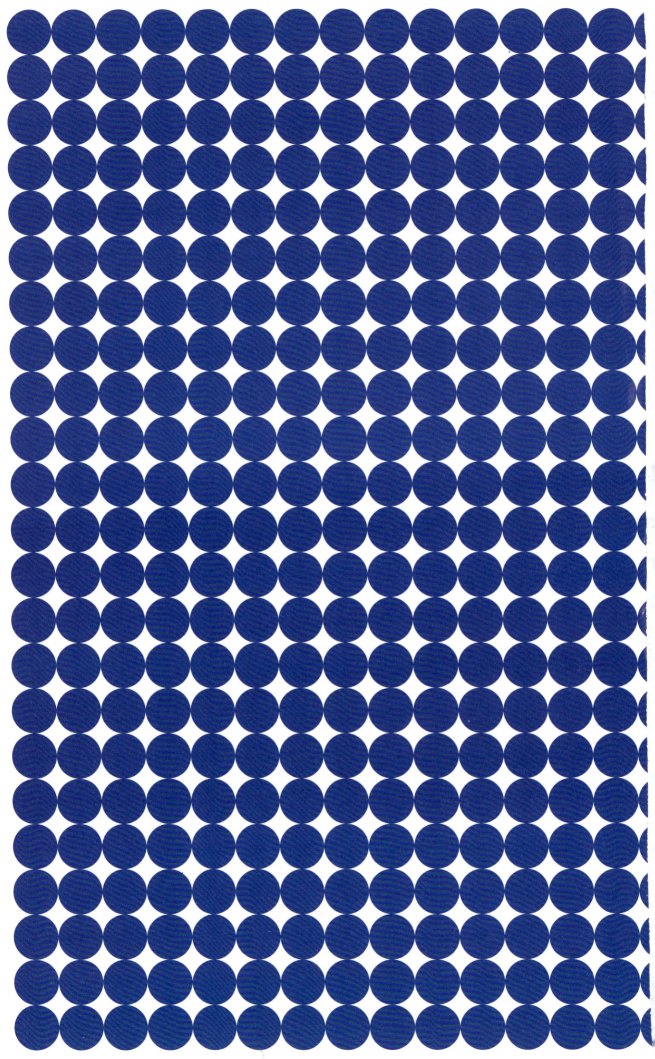